短视频

生产实践与社会资本研究

SHORT VIDEO PRODUCTION PRACTICE AND SOCIAL CAPITAL RESEARCH

—— "象牙塔"里的博主们

张帆 著

北京航空航天大学出版社
BEIHANG UNIVERSITY PRESS

图书在版编目（CIP）数据

短视频生产实践与社会资本研究："象牙塔"里的
博主们／张帆著. -- 北京：北京航空航天大学出版社，
2023.4

ISBN 978-7-5124-4062-3

Ⅰ.①短… Ⅱ.①张… Ⅲ.①社会资本 - 影响 - 视频
制作 - 研究 Ⅳ.①TN948.4

中国国家版本馆 CIP 数据核字（2023）第 051541 号

短视频生产实践与社会资本研究："象牙塔"里的博主们

责任编辑：李　帆
责任印制：秦　赟
出版发行：北京航空航天大学出版社
地　　址：北京市海淀区学院路 37 号（100191）
电　　话：010 - 82317023（编辑部）　　010 - 82317024（发行部）
　　　　　　010 - 82316936（邮购部）
网　　址：http：//www.buaapress.com.cn
读者信箱：bhxszx@163.com
印　　刷：北京九州迅驰传媒文化有限公司
开　　本：710mm×1000mm　1/16
印　　张：11.75
字　　数：122 千字
版　　次：2023 年 4 月第 1 版
印　　次：2023 年 11 月第 3 次印刷
定　　价：48.00 元

前　言

　　从 2012 年 11 月快手从纯粹的应用工具转型为短视频社交平台开始，我国短视频经历了三个时期：萌芽时期的简单生活分享，凸显资讯属性；发展时期的下沉社区运营，MCN 机构与专业内容生产者加入商业运营；成熟时期的多场景建构，不仅成为舆论引导的重要阵地，而且不断扩展本地生活业务，从内容消费走向线下服务。经过十年发展，根据中国互联网络信息中心（CNNIC）第 50 次《中国互联网络发展状况统计报告》的数据显示，截至 2022 年 6 月，我国短视频的用户规模增长最为明显，达 9.62 亿，较 2021 年 12 月增长 2805 万，占网民整体的 91.5%。根据 Quest Mobile 发布的《2022 中国移动互联网半年大报告》，截至 2022 年 6 月，短视频用户总时长占中国移动互联网用户使用总时长占比的近三成，同比增长 9.8%。伴随着用户规模和使用时长的快速增长，短视频行业呈现出"全民参与"态势，而大学生群体成为其中不可忽视的一股力量。2022 年 4 月，中国青年网校园通讯社面向全国 11267 名大学生开展问卷调查的结果显示，超八成大学生经常刷短视频，近三成每天刷 2～5 小时。根据《2020 抖音大学生数据报告》显示，截至 2020 年 12 月 31 日，抖音在校大学生用户数已超 2600 万，占全国在校大学生总数的近80%。大学生用户发布抖音视频的播放量，累计超过 311 万亿次，点赞量 1184 亿次，分享量 27 亿次。大学生已成为短视频场域中最重要的生产者、消费者和传播者。在这一虚拟社交平台上，大学生重构社会关系网络，以实现自身社会化，在获得存在感、愉悦感和归属感的同时，也面临始料未及的矛盾与冲突。据此，本研究以"象牙塔"里的博主们为研究对象，分析他们在短视频生产实践中的社会资本形式、积累与转化，探寻社会资本的碰撞与困境，以期为大学生博主优化社会资本提供一些有益的路径指示，促进短视频行业的良性发展。

　　本研究聚焦"象牙塔"里短视频博主的生产实践，在实践范式和社会资本理论框架下，通过深度访谈法和参与式观察法，追踪 22 名活跃于短视频领域的学子博主，历时一年，深入探究"象牙塔"博主们的短视频实践历程与动机，揭示短视频生产中社会资本形式、积累与转化的形态与途径，再从结构资本、关系资本和认知资本三个层面剖析短视频生产中的社会资本碰撞与困境，最后借鉴影响层级框架，从个人层次、平台常规层次、平台组织层次、平台外在社会机构层次和社会系统层次五个方面为"象牙塔"博主们解决短视频生产中的社会资本碰撞与困境提供一些有益的路径指示。

　　本书在笔者博士后出站报告的基础上修改完成，前后倾注了大量心力，但由于精力和水平有限，难免有不足之处，敬请学界业界专家和读者朋友批评指正。感谢我的硕士研究生王雪、钱烨、苏珊、沈芷菡，她们与我一起参与短视频博主的深度访谈和参与式观察，一起分享与分析访谈记录和田野笔记背后的故事。

　　本书受湖北大学新闻传播学院部校共建经费支持，得以付梓出版，在此一并致以谢意。

目录
CONTENTS

绪　论

一、研究背景

2011年，互联网技术飞速发展，移动短视频应用随之出现，随后各类短视频应用爆发式增长，2016年迎来了短视频内容创作者元年，内容创作的百花齐放引来了资本的注入，短视频行业井喷式发展。如今，人们手中的智能手机性能不断优化，各类美颜相机与短视频剪辑应用的操作也不断简化，硬件与软件的双向加持，短视频行业呈现出"全民参与"的态势。

目前，大学生群体使用抖音等短视频应用的人数规模巨大。《2020抖音大学生数据报告》显示，截至2020年12月31日，抖音在校大学生用户数已超2600万，占全国在校大学生总数的近80%。大学生用户发布抖音视频的播放量，累计超过311万亿次，点赞量1184亿次，分享量27亿次，① 高校

---

① 抖音发布首份大学生数据报告 大学生创作视频播放量超311万亿次［EB/OL］.［2021 - 01 - 26］. 人民网——人民创投, http://capital. people. com. cn/n1/2021/0126/c405954 - 32012925. html.

大学生成为短视频领域的新生力量。在这里他们展示自己，观看他人，收获被看到的满足感以及虚拟社群的归属感。身处"象牙塔"的学子们也将其敏感的触角伸向短视频领域，在短视频平台上传发布自己的作品，在短视频构建的虚拟世界中忙得不亦乐乎。在访谈过程中，访谈对象同样表示身边的同学们都在玩短视频。由于大部分大学生群体的社交圈较为狭隘，交友范围仅局限于宿舍和校内社团，为避免不入群，在群体舆论、气氛和态度的影响下，往往会采取与大多数人一致的行为，导致短视频逐渐席卷整个大学生群体，成为大学生社交的主要途径之一。

虚拟社会化逐渐成为大学生完成个体社会化的重要途径。大学校园里，学生们通过各种社交实践逐步完成社会化，首先是受到家庭、学校的影响，经历现实的社会化过程；其次是网络媒介使用对其社会化产生的影响，即虚拟的社会化过程。短视频作为当下最热门的传播形态，它不断地刺激用户自发性地创作与传播内容，同时平台也积极强化社交属性，构建用户社交网络，为用户积累社会资本提供了全新的途径。

在热闹非凡的短视频社交网络中，身处"象牙塔"的学子博主们面临着始料未及的矛盾与冲突。他们通过大胆的尝试、强大的动手能力以及出奇的脑洞和自我表达欲，用自己的网络实践方式在短视频领域耕耘出属于自己的领地，勇敢的尝试者们也纷纷在各类短视频平台上找到了存在感、愉悦感和归属感，同时帮助自己抒发情感并进行思考，从而建立起全新的社会关系网络，以实现自身的社会化。然而在这一过程中，他们也逐渐远离校园，失去了与同学和老师的交流，遭受同学们的非议，陪伴家人的时间大大减少，甚至放弃学业，面对学生与社会人之间的身份冲突，一时之间难以适应。

庞大的大学生群体络绎不绝地进入短视频领域，期间发生的虚拟社会化在其成长历程中不可或缺，随之而来的矛盾与冲突却使之难以适应。因此，本研究关注"象牙塔"里的学子们为何成为短视频博主？他们在短视频生产实践过程中社会资本有何形式？如何实现积累和转化？这些社会资本产生了哪些碰撞？社会资本的优化路径有哪些？这些都是值得我们进一步研究、探讨的实际问题。

二、研究意义

1. 理论意义

第一，补充和拓展传播与媒介研究中的"实践范式"理论。现有的"实践范式"研究大多侧重于宏观层面对新闻学的"实践转向"及作为一种理论概念的"实践"进行溯源与阐释。① 本研究在广阔的社会生活情境之中，更加重视媒介经验的多样性和复杂性，聚焦"象牙塔"里的博主们在短视频场域中的入场、实践、转场、退场的演进历程，从实践范式视角，强调以短视频生产为面向的或者是与短视频生产有关

---

① 姜红，印心悦. 走出二元：当代新闻学的"实践转向"——问题、视野与进路 [J]. 安徽大学学报（哲学社会科学版），2021（3）.

的所有开放的实践行为，以及短视频生产在其他社会实践中所发挥的作用。在此研究基础上，总结"象牙塔"博主们在不同阶段的短视频实践中如何与多种动因联系。这一研究思路不仅能够避免知识生产的简单化和片面性，而且也是对既有媒介社会学理论研究的重要沿袭、补充和拓展。

第二，丰富和延伸媒介使用研究中的社会资本理论。现有关于媒介使用与社会资本的研究多从关系、规范、信任等若干侧面展开，以微信等社交媒体为研究对象。本研究围绕大学生群体在短视频平台上的生产创作活动，从关系网络、社会信任和社会规范三个维度来阐释社会资本的形式，从博主与博主之间、博主与用户粉丝之间、博主与商业机构之间的互动来分析社会资本的积累，从以文化资本为核心的资本转化和基于青春策略的资本转化两个方面来论述社会资本的转化，从结构资本、关系资本和认知资本三个层面来探寻社会资本的碰撞。在此研究基础上，探索性揭示"象牙塔"的博主们在短视频生产中社会资本建构与维系的优化路径，不断丰富和延伸媒介使用研究中的社会资本理论。

2. 实践意义

第一，提供大学生社会资本建构与维系的优化路径。"象牙塔"的博主们在短视频生产实践中实现了社会资本的形成、积累和转化，但是也面临弱关系的强化与强关系的弱化、社会网络的重塑与危机、"利用"与"被利用"的两难境地、学生与社会人的身份认知冲突等困境与碰撞。本研究从个人、平台常规、平台组织、平台外在社会机构、社会系统等层面探寻社会资本建构与维系的优化路径，以期为"象牙塔"的博主们提供有益的参考路径。

第二，促进短视频行业的良性发展。短视频行业在经历了 2020 年的爆发式增长后，用户规模再创新高，影响力日益增强。根据中国互联网络信息中心（CNNIC）第 50 次《中国互联网络发展状况统计报告》发布的数据，短视频用户规模达到 9.62 亿，占网民整体的 91.5%。[①] 本研究通过剖析作为短视频生产和消费主力军的大学生群体的社会资本，阐释"象牙塔"博主、用户粉丝、广告商、平台、MCN 机构、政府等行动者在关系网络中的整合、博弈与互构，进一步厘清各主体角色的定位与功能，从而促进短视频行业的良性发展。

三、文献综述

1. 短视频的生产实践研究

短视频出现至今，学界对于短视频的生产实践研究也随着短视频行业的发展而逐步深入。通过梳理发现，现有研究主要从短视频的内容元素、创作技巧、传播策略三个方面切入。

---

① 中国互联网络信息中心. 第 50 次中国互联网络发展状况统计报告. [2022 – 11 – 10]. http://www.cnnic.net.cn/NMediaFile/2022/0926/MAIN1664183425619U2MS433V3V.pdf.

　　首先，关于短视频内容的分类，鲍楠（2019）按照主题将短视频内容归纳为个人才艺展示、记录生活、资讯、知识、影视和其他泛娱乐类内容。[①] 而陈永东（2019）则认为短视频的内容类型定位所涉及的范围几乎涵盖各个领域，从生活中的小人物切入，展现普通人的人生。[②] 由此可见，短视频的内容具有显而易见的草根性，以段子的形式呈现，并且随着人们生活的变化而处于不断更新的状态。也有学者主要针对某一类短视频的内容着重进行分析，例如有学者研究广受争议的"土味"短视频。郝茹茜（2020）认为"土味"短视频的内容呈现为农村带来经济效益和文化效益的提升，但也存在矮化农村形象，误导受众以及传播低俗内容等负面问题。[③] 梨视频总编室主任薛小林（2020）则分析了在新冠肺炎疫情暴发之时，短视频所承担的记录内容的责任，他认为在此次疫情中，短视频行业不再呈现竞争态势，而体现出平台的社会公益性以及公共属性，与全社会一起共同抗击疫情，实现协同作战。[④] 综上所述，不论是 UGC 碎片化的短视频还是 PGC 资讯短视频和微纪录片，它们都用影像记录了社会各类人群的情绪、行为、场景，通过不同视角合成一部社会的视频万象，生动地记录着这一个时代。

　　其次，在智能手机媒介大行其道的今天，创作短视频也需要掌握一定的技巧。学者陆地、刘雁翎（2019）研究了现

---

① 鲍楠. 短视频内容的主要类别与特征简析［J］. 中国广播电视学刊, 2019（11）.
② 陈永东. 短视频内容创意与传播策略［J］. 新闻爱好者, 2019（5）.
③ 郝茹茜. 使用与满足理论下"土味"短视频发展研究［J］. 传媒, 2020（8）.
④ 薛小林. 梨视频战"疫"：记录中诠释短视频担当［J］. 传媒, 2020（5）.

阶段短视频创作存在的误区，并有的放矢地提出了优秀短视频的标准。短视频创作主要存在主题宏大、镜头移动速度慢、时间长、镜头多、以偏概全、内容重复、故事平淡七大误区。优秀短视频则应达到八个标准："短"中见长、"简"中存要、"浅"中求深、"特"立独行、镜头速度快、注重艺术美、题材精选、具有趣味性。[①] 学者李圣勇（2019）主要分析了融媒视域下传统电视媒体创作短视频的技巧，提出了持续稳定输出、选题吸引流量、一条视频只说一件事、采用悬念和反转叙事技巧、尽量不要解说、注重标题和封面、设置话题七大创作技巧。[②] 由此看来，短视频创作虽然门槛低，一部手机就可以搞定一切，但是要创作出优秀的短视频依然需要掌握创作技巧，在实践中不断总结创作经验，注重精耕细作，避免粗制滥造和同质化。

最后，关于短视频的传播策略，陈永东（2019）根据不同网络平台提出了相应的传播策略，基于视频平台，首先要依赖主流短视频 APP，其次可发布至传统视频网站；基于社交平台，可分享转发至主流社交平台，如微信、微博和 QQ 等，扩大短视频的传播量；基于其他平台，在保证无版权问题的前提下，可以在各种不同平台上传分享，如根据内容类型，上传至相关的网站，以增加短视频的曝光率及点击率，收获更大流量，如知乎、豆瓣、B 站、今日头条等平台。[③] 李

---

① 陆地，刘雁翎. 短视频创作的"七坑""八坎"[J]. 新闻爱好者，2019（6）.
② 李圣勇. 融媒视域下短视频的创作技巧 [J]. 青年记者，2019（23）.
③ 陈永东. 短视频内容创意与传播策略 [J]. 新闻爱好者，2019（05）.

菁使用互动仪式理论，研究抖音短视频传播过程中互动行为的特点，研究表明情感共鸣促成短视频广泛传播。短视频情感动员的规律表现为生产者、观看者及平台方都在仪式互动中扮演重要参与者角色，每一方主动参与以体现自己的表演价值。视频内容能否感染观者的情绪是互动的前提，通过传受双方的符号配对形成互动仪式，进而达成群体认同，在情感动员的过程中，促进短视频的传播。[①]

随着短视频行业的快速发展，国外学界对短视频生产实践的研究热情也持续高涨，研究的广度和深度不断加强。除了关注短视频自身的内容生产、创作技巧、传播策略之外，奥杜邦·多尔蒂（Audubon Dougherty）通过分析用户生产内容的动机，探讨移动短视频促进公民参与和拓展公共领域的方式和途径。[②] 伊丽莎白·弗里斯（Elizaveta Friesem）[③] 和安娜·瓦西里琴科（Anna Vasilchenko, et al.）[④] 等学者聚焦短视频的生产分别针对弱势青年和高校学生的媒介素养进行了探讨，并给出了提升路径和方法。已有研究成果为本研究提供了良好的背景认知和思路借鉴，本研究将跳出传统的"文本—受众—效果"分析框架，在广阔的日常生活语境中考察

① 李菁. 抖音短视频传播中的互动仪式与情感动员 [J]. 新闻与写作, 2019 (7).

② Dougherty, A. Live-streaming mobile video: Production as civic engagement [J]. Proceedings of the 13th Conference on Human-Computer Interaction with Mobile Devices and Services, 2011.

③ Friesem, E. A Story of Conflict and Collaboration: Media Literacy, Video Production and Disadvantaged Youth [J]. Journal of Media Literacy Education, 2014, 6 (1).

④ Vasilchenko, A., Green, D. P., Qarabash, H. Media Literacy as a By-Product of Collaborative Video Production by CS Students [J]. Acm Conference on Innovation & Technology in Computer Science Education, 2017.

"象牙塔"的博主们的短视频生产实践行为，在实践逻辑框架下探讨"象牙塔"的博主们在短视频场域中的入场、实践、转场和退场的多样性和复杂性。具体而言，本研究的第一个研究问题即是"象牙塔"的博主们是如何进入短视频场域的，不同阶段的短视频实践如何与多种动因联系。

2. 社会资本的构成与测量

对社会资本的测量维度和标准条分缕析，不仅有利于社会资本研究结果的直观呈现，也有利于促进有关社会资本的跨学科研究。但由于现有研究对社会资本的概念界定尚未得出一致结论，导致社会资本的测量维度及标准也因为概念界定不同而有一定差距，但对于社会资本的效用，学者们达成了共识，即在个体的成长过程中社会资本发挥着重要作用。①

从集体层面来看，哈佛大学教授罗伯特·D. 帕特南（Robert D. Putnam）将社会资本视为群体拥有的资源、财富以及信任互惠的社会价值观，通过测量群体成员政治参与及公共事务参与的情况，来判断群体所拥有的社会资本。其研究发现，群体成员对公共政策毫不关心，公共事务参与度不高，导致成员所处群体社会资本的衰减。② 日裔美籍社会学者弗朗西斯·福山（Francis Fukuyama）则将社会或群体成员之间的信任视为社会资本的重要组成部分，认为信任程度决定了社

---

① 康小明. 人力资本、社会资本与职业发展成就 [M]. 北京：北京大学出版社，2009：77.

② Putnam R. D. , Leonardi D. R. Making Democracy Work: Civic Traditions in Modern Italy [J]. Contemporary Sociology, 1994, 26（3）：306 – 308.

会的繁荣程度，把信任作为测量社会资本的重要组成部分，并指出信任深层次的基础是文化因素，其对社会经济的发展起着至关重要的作用。[①] 诺曼普·霍夫（Norman Uphoff）将集体层面的社会资本分解为 "结构性社会资本" 和 "认知性社会资本" 两个方面。前者是依靠规则、程序和先例建立起来的角色与社会网络来促进共同受益的集体行动，具有相对客观性，并可以通过群体有意识的行动进行设计与改进；后者是在共同的规范、价值观、态度与信仰的基础上引导人们走向共同受益的集体行动，它反映的是人们的想法与感觉，具有相对主观性，内在于个人头脑中，较难改变。[②] 通过梳理前人的研究成果，测量集体层面的社会资本主要集中于公共参与、社会信任和社会关系以及群体规范等维度。

从个体层面来看，皮埃尔·布尔迪厄（Pierre Bourdieu）总结了个体拥有的社会资本的构成与测量，将测量维度概括为三个方面：一是个体所处的社会网络的规模，二是社会关系网络中嵌入的资源，三是在社会网络中个体所处的位置。[③] 罗纳德·伯特（Ronald Burt）的 "结构洞"（Structural hole）理论，同样将社会网络结构中个人所处的位置视为测量个体社会资本的重要因素，认为个体所处的中心位置可以和处于

---

① Fukuyama, F. Trust: The Social Virtues and The Creation of Prosperity [M]. New York: Free Press, 1996: 24 - 28.

② Uphoff N. Understanding Social Capital: Learning from the Analysis and Experience of Participation. In P. Dasgupata & I. Serageldin (Eds), Social capital: A multifaceted perspective. Washington [M]. DC: World Bank, 2000: 168 - 182.

③ 布尔迪厄. 文化资本与社会炼金术: 布尔迪厄访谈录 [M]. 包亚明，译. 上海: 上海人民出版社，1997: 34.

其他位置的成员搭建良好的沟通桥梁，提升个体的可信任程度，从而为其带来更多社会资本。[①] 普林斯顿大学社会学教授亚历山德罗·波茨（Aleiandro Porte）也从个体层面探讨了社会资本的构成与测量，认为社会资本是个体获取稀缺资源的能力，从社会网络成员的关系角度测量了个体拥有的社会资本，主要包括三个维度：社会参与、人际信任及生活满意度。纳哈佩特和高沙尔（Nahapiet J. & Ghoshal S.）从结构资本、关系资本和认知资本这三个维度进行社会资本的测量。[②] 结构资本是指社会成员所处的社会关系网络的非人格化特征，主要包括社会关系网络中的成员与谁链接、链接方式、链接的丰富程度、链接的权力配置及链接频率等。关系资本指通过创造关系或由关系手段而获得的资产，包括信任与可信赖、规范与认可、义务与期望以及可辨识的身份等。认知资本指社会成员在组织中共享信息，并实践价值共享的程度。林南（Nan Lin）在前人研究的基础之上，总结了已有的研究结论，将个体社会资本的构成与测量概括为六个指标：[③] 社会网络的结构特征，包括位置资源分布、等级制度；社会网络的规模，规模越大，越有利于社会资本的积累；网络成员间的互动程度，互动程度越高，社会资本获取越多；人际信任程度，信

---

① 伯特. 结构洞：竞争的社会结构 [M]. 任敏，李璐，林虹，译. 上海：格致出版社，上海人民出版社，2008.
② Nahapiet J. & Ghoshal S. Socila Capital：Intellectual Capital and Organizational Advantage [J]. Academy of Management Review, 1998, 23（2）：242－266.
③ Nan L. Social capital：A Theory of Social Structure and Action [M]. Cambridge：Cambridge University Press, 2001：51.

任程度越高，越有利于社会资本获取；个体的社会参与程度，社会参与的积极性越高，越有利于社会资本获取；个体的生活满意度，其正向影响个体社会资本的积累。

本研究的第二个研究问题即是"象牙塔"的博主们在短视频生产中拥有哪些形式的社会资本。综合以上基于集体层面和个体层面对社会资本测量的文献梳理，本研究将从关系网络、社会信任和社会规范三个维度来分析"象牙塔"的博主们这一群体在短视频生产中的社会资本形式。

3. 媒介使用与社会资本

媒介使用建构着人际传播的语境和互动行为，成为人际社会关系的建立、发展及维系过程中不可或缺的因素。① 针对媒介使用对社会资本产生何种影响这一问题，早期研究以社区报纸为研究对象，20 世纪 80 年代就有学者指出社区报纸与现实人际交往一样，可以增加人们参与社区活动的积极性，喜欢阅读报纸的居民更容易对社区产生认同感，遵守社区规范，积极参与社区活动。随着广播和电视等媒体的普及，学者们也将研究重心转移，基思·斯塔姆和罗伯特·威斯（Keith Stamm & Robert Weis）等学者发现，相较于广播，报纸和电视更有利于社区整合，通过人际交往提供了社区认同，

---

① 胡春阳. 经由社交媒体的人际传播研究述评——以 EBSCO 传播学全文数据库相关文献为样本 [J]. 新闻与传播研究，2015（11）.

增加了社区居民的社会资本。[①]

进入互联网时代，关于媒介使用与社会资本的研究视角更加宽阔，研究内容也从零散走向系统。互联网作为一种计算机通信技术，它的出现以前所未有的深度和广度改变着人类生活的诸多方面，影响着人类的思维模式与行为方式，同时对人们之间的社会关系产生了实质性的影响，网络媒介紧密地全程参与我们的生活，以至于我们常常会忽略它的存在，自然而然把它当作社会生活的一部分。与现实生活相似，人们使用网络媒介的过程也是获得社会资本的过程。[②] 关于网络媒介的使用如何影响社会资本获得，国外早期的研究主要有"减少说""增加说""折中说"三个方面。首先，一些学者对网络媒介的使用能否提高使用者的社会资本这一问题持悲观看法，认为网络所构建出来的"虚拟真实"往往更诱人、成本更低、速度更快，导致人们使用网络媒介的时间大大增加，从而减少了与自己的朋友、家人和所在线下社区的联系。社会心理学家雪莉·特克尔（Sherry Turkle）认为网络作为一种技术，不但没有增加人们的社会联络，反而使人们越来越疏离，使个人无法适应社会生活，感到更加孤独，从而成为社会的边缘人。其次，与前者针锋相对的"增加说"认为，网络本身就催生了崭新的交流和接触方式，大量的个体行动者加入新型社交网络和虚拟社会关系中，增强了人们的网络

① Stamm, K. & Weis, R. The Newspaper and Community Integration: A Study of Ties to a Local Church Community [J]. Communication Research, 1986, 13 (1): 125 – 137.
② 刘淼，喻国明. 中国面临的第二道数字鸿沟：影响因素研究——基于社会资本视角的实证分析 [J]. 现代传播（中国传媒大学学报），2020 (12).

社区归属感，有益于社会资本的创造和使用。有学者通过调查发现，互联网助力个体社会资本积累，但取决于人们的上网目的，信息搜集促进社会资本积累，而娱乐消遣则无益于社会资本增加。① 最后，持"折中说"观点的学者则认为，网络媒介已完全融入人们的社会生活，是一种维持现有社会资本的工具，与社会资本积累无关。美国社会学家巴里·韦尔曼（Barry Wellman）认为网络作为一种技术，其本身是中性的，网络媒介的使用对人们的现实交往活动并无影响，它只是现实交往的一部分，能产生怎样的影响，取决于人们如何使用它，尽管互联网增加了人们的关系网络，但这些网络是一种缺乏坚固纽带的"弱连接"，很难增强人际信任与一致行动。埃里克·M. 尤斯拉纳（Eric M. Uslaner）同样认为网络对社会资本没有影响，因为网络改进了人们生活的某些方面，同时也削弱了生活中的其他方面，它"既不是天使，也不是魔鬼"。②

目前国内学界针对网络媒介使用与个体社会资本积累的相关性研究已产出大量成果。比如郭羽（2016）通过实证研究发现，社交媒体使用者的自我效能，以及对于社交媒体社区的经济基础信任和认同信任与线上自我展示呈显著正相关，并且社交媒体使用者线上的自我展示程度越高，其所获取的

---

① Shah, D. V., Kwak, N., Holbert, R. L. "Connecting" and "Disconnecting" With Civic Life: Patterns of Internet Use and the Production of Social Capital [J]. Political Communication, 2001, 18 (2): 141 – 162.

② Uslaner, E. M. Social capital and the net [J]. Communications of the Acm, 2000, 43 (12): 60 – 64.

"桥接型社会资本"和"结合型社会资本"也会越多。① 张苏秋和王夏歌（2021）在研究中比较了传统大众媒介与新媒介的使用对受众社会资本积累的不同影响，结果发现报纸、杂志、广播、电视、互联网等单个媒介形态对受众社会资本积累的影响并不显著，仅仅是影响社会资本构成的某一个方面，电视和互联网媒介的使用甚至对社会化信任和互惠产生负向影响。还有部分论著也关注了短视频平台使用对于社会资本获得的影响，但这一领域的成果仍存在研究薄弱、零散等问题。一方面，研究者未明确限定短视频平台使用者是内容的生产者还是消费者，抑或是两种身份兼备，导致论述缺乏针对性；另一方面，虽然将研究范围限定在短视频平台，但目前的研究却存在"新瓶装旧酒"的现象，依然在分析网络媒介使用存在的普遍影响，研究角度缺乏创新。如今，伴随着新媒体发展而成长起来的一代大学生，数量庞大、个性鲜明，拥有极大的表达欲望，已成为短视频生产的主力军，不少学子更是将短视频生产制作作为未来就业的目标选择。具体而言，本研究的第三个研究问题是，在短视频生产互动中，"象牙塔"的博主们的社会资本是如何积累、转化和碰撞的？

4. 社会资本的优化路径

如果忽略了社会资本在产生积极效果的同时也可能带来

---

① 郭羽. 线上自我展示与社会资本：基于社会认知理论的社交媒体使用行为研究 [J]. 新闻大学，2016（4）.

的消极后果，就不可能真正地洞悉社会资本的作用机制。从总体上来看，卜长莉（2006）在分析了社会资本对个人和社会发展的负面影响基础上，在保持传统社会资本存量的同时，提倡现代意义上的社会资本、利用制度创新增加现代社会资本的规模、合理调整社会资本的结构，增加社会资本流量、合理调整社会资本的结构，增加社会资本流量等方面探索了社会资本的优化策略。[①]

还有一些学者则是聚焦企业、农民、流动人口等某一单一主体，并探寻其社会资本优化的具体路径。李京（2013）针对处于萌芽期、成长期、成熟期和衰退期的企业，分别从政府网络、商圈网络、科研网络、校友网络等方面给予社会资本的优化策略。[②] 王文涛（2017）在研究中发现农村居民通过"空间流动""职业转换""业缘关系"而形成的新型"脱域型社会资本"更有利于富裕农户的收入增长，从而成为拉大农户收入差距的一个重要因素，并从促进农户的自由空间流动、强化农户的自主择业技能、提升农户的信息获取能力等方面进行了社会资本优化的探索。[③] 高涵（2014）围绕媒介使用对流动人口的社会资本影响这一问题进行研究，指出优化社会资本一方面要建立流动人口媒介使用的服务体系，从媒介基础设施、传播内容、传播方式等方面提升流动人口媒

---

① 卜长莉. 社会资本的负面效应 [J]. 学习与探索，2006（3）.
② 李京. 企业社会资本对企业成长的影响及其优化——基于社会资本结构主义观思想 [J]. 经济管理，2013（7）.
③ 王文涛. 农村社会结构变迁背景下的社会资本转换与农户收入差距 [D]. 重庆：西南大学，2017.

介使用的数量与质量；另一方面，要加强流动人口的媒介素
养教育，把流动人口的随意性、娱乐性媒介使用方式转变为
功能性使用方式，合理选择与使用媒介形态，科学吸收媒介
的传播内容。同时，由于媒介使用对社会资本影响具有较大
的性别、年龄和户籍差异，政府和传媒应该从流动人口的异
质性出发，提高媒介在信息传播方面的公共服务功能。①

　　国外学者也从不同的维度提出了社会资本的优化路径。
安·戴尔和莱诺尔·纽曼（Ann Dale & Lenore Newman）在一
项有关社区可持续发展的研究中指出，政府在优化社会资本
中可以发挥关键的领导作用。在地方组织发展的关键时期，
政府可以采取调整政策和激励措施的方法进行战略性地干预，
让地方组织可以更加有效获取外部经济资源和人力资源，以
达到补充现有社会资本网络形成的目的。②艾哈迈德·马鲁夫
等学者（Ahmad Ma'ruf, et al.）以"旅游村"为田野观察对
象，认为优良的基础设施可以保障资本的充足性，而建立定
期、正式的沟通机制，比如论坛、会议等，是优化社会资本
的主要策略。③

　　媒介使用既能够增加，也能够减少社会资本的积累。在
现有研究中，学者们多聚焦媒介使用对社会资本的影响机制，

① 高涵. 媒介使用与流动人口的社会资本构建 [J]. 河北大学学报（哲学社会科学版），2014 (4).
② Dale, A. & Newman, L. Social capital: a necessary and sufficient condition for sustainable community development? [J]. Community Development Journal, 45 (1), 2010: 5 - 21.
③ Ma'ruf A., Hindayani N., Ummudiyah N., The Social Capital for the Externality Development of Sustainable Tourism [EB/OL]. [2017 - 08 - 15]. http://repository.umy.ac.id/bitstream/handle/123456789/13195/social? sequence =1.

凸显社会资本对个体行动或集体行动的正面影响，而对于媒介使用所带给社会资本的负面效应则有所忽视，特别是如何优化社会资本路径以消弭这些负面效应更是关注不够。据此，本研究的研究问题还包括"象牙塔"的博主们在短视频生产中社会资本的碰撞表现在哪些方面？针对这些碰撞及困境，有哪些具体的社会资本优化路径？

四、核心概念

1. 社会资本

"社会资本"这一概念从新经济社会学演化而来，它被视为"历史学家、政治学家、人类学家、社会学家和决策者以及各个领域'内'的各阵营所使用的一种共同语言"[1]，但尚未有权威性的统一定义。目前，学界较为公认的概念来自法国社会学家布尔迪厄的《临时笔记》，文中他首次提出了社会资本的定义。然而这篇发表于 1980 年的法文论文，当时并未引起英语世界的广泛重视，随后有许多学者从人的社会关系的角度来研究社会资本的获得。通过文献梳理发现，关于社会资本理论的已有概念可分为宏观和微观两个方面。

从宏观层面来看，布尔迪厄认为社会资本是一种能够为每位群体成员提供支持的关系网络，并且是集体共同享有的

---

① Woolcock, M. Social Capital and Economic Development: Toward a Theoretical Synthesis and Policy Framework [J]. Theory and Society, 1998, 27 (2): 151–208.

财富，能为他们带来获得声望的"凭据"，并在一定条件下转换为经济资本，[①] 但社会资本受益大小取决于成员可有效动员的网络模式，与相关群体成员拥有的经济、文化以及符号资本的数量与质量密切相关。[②] 由此可见，在布尔迪厄的研究中，社会资本是工具性的，他认为个体一旦获得社会网络团体的身份，就可以得到随之而来的声望，从而收获物质或象征性的利益保证。[③] 在布尔迪厄关于"社会资本"的概念中，"社会"一词指作为社会结构实体的社会网络，而"资本"一词所指的仍是传统意义上的经济资本、文化资本与象征资本。

与布尔迪厄不同，社会学家詹姆斯·S. 科尔曼（James S. Coleman）则认为社会资本是生产性的，他引入人力资本的概念，着重提出社会资本对人力资本的积累至关重要，从社会结构层面解释社会资本，强调社会网络中个体之间建立的关系结构，认为社会资本就存在于关系结构中，封闭性的关系结构更有助于社会资本获得。[④] 由此可见，科尔曼将"社会"看作是个体之间的关系结构，"资本"是伴随关系结构而来的回报。但科尔曼的上述界定在一定程度上把社会资本带来的结果理解为社会资本本身，或认为社会资本必然产生

[①] Bourdieu, P. The forms of capital. In J. Richardson（Ed.）Handbook of Theory and Research for the Sociology of Education [M]. New York：Greenwood, 1986：24 - 58.

[②] 肖冬平. 社会资本研究 [M]. 昆明：云南大学出版社, 2013：8.

[③] 郑素侠. 网络时代的社会资本 [M]. 上海：复旦大学出版社, 2011：94.

[④] Coleman, J. S. Social Capital in the Creation of Human Capital [J]. American Journal of Sociology, 1988：95 - 120.

"生产性" 的结果，模糊了社会资本的概念与功能的界限。

对于社会网络结构，博特也提出了与科尔曼类似的观点，但与科尔曼认同的封闭性恰恰相反，他强调网络结构中具有开放性特征的 "结构洞"，认为在较复杂的网络中，个体所处的位置举足轻重，位置决定了个人的信息、资源与权力。每个人在网络中都表现为一个个结点，有的结点彼此连接，有的结点散落在边缘，共同构成了庞大的社会网络，与分散的结点连接最多的个体即是占据中心位置的 "结构洞"。博特认为结构洞是社会资本的隐喻意义。[①] 处于结构洞的个体往往拥有更多资源，形成接触其他网络的通路，因此对于他人而言，与之连接便意味着接触更多网络的可能性。这导致结构洞自带吸引力，更容易扩充自身的网络[②]，坐收渔翁之利，获得更大的利益。博特对于社会网络结构的分析，让我们透彻地认识到在同一个社会网络中，为什么资源往往掌握在少数人手中，这对我们理解社会资本理论极具启发意义，但结构洞的资源优势到底是洞本身，还是嵌入其中的资源，尚未有具体论述。

从微观层面来看，一些学者从社会网络层次出发研究社会资本理论。亚历山德罗·波茨（Alejandro Portes）从社会网络成员关系的角度切入，认为社会资本是一种能够在社会网络中获取短缺资源的能力，这种能力不是个体所固有的，而

---

① 吕涛. 社会资本与地位获得 [M]. 北京：人民出版社，2014：53.
② Burt, R. Structural holes versus network closure as social capital [J]. Social Capital Theory & Research, 2001：5.

是内嵌于群体成员的关系之中，是个体积极参与社会网络的结果。[①]

如果说博特关于社会资本的"结构洞"理论从宏观层面将社会结构看作资本，而忽略了处于结构中的"人"，美籍华裔社会学家林南则从微观角度将视线聚焦于"人"，关注这些人拥有的特殊资源，他在自己"社会资源"理论的基础之上提出了社会资本理论。林南从资源"来源"，而非资源价值回报的维度区分了两类资源：一类为"个人资源"，是个体固有的并享有支配权的资源；另一类是"社会资源"，即嵌入于社会网络中的各种资源，获取这类资源则需要个体采取行动，付出一定的努力。来源于个体的个人资源便是"个人资本"，而社会资源是"社会资本"，个体努力获取社会资源的过程即为投资人际关系的过程。[②] 他认为在此过程中，除了投资、动员自身拥有的个人资源以外，也可以获得他人所掌握的个人资源，从而获得额外的资源，实现"优势增量"的结果，强调个体的人际关系与接触的信息在生活中具有重要意义。

从上述文献分析可以看出，学者们总结的"社会资本"理论概念都源于同一种思想，即社会关系直接影响社会成员获取有价值的资源。大学生正处在从"象牙塔"走向社会的过渡阶段，顺利完成从校园人到社会人的转变是其社会化的关键，目前社会关系复杂、就业信息不畅通、社会资本缺乏是

[①] Portes, A. Social Capital: Its Origins and Applications in Modern Sociology [J]. Annual Review of Sociology, 1998: 24.

[②] Nan, L. Social Networks and Status Attainment [J]. Annual Review of Sociology, 1999, 25: 467-487.

大学生在个人发展中感到最为头疼的问题。许多实证研究表明，社会资本在大学生的成长过程中起着举足轻重的作用，由于本研究的研究对象为微观的个体，综合波茨、林南等人在微观层面上的研究，加之科尔曼功能观和普特南的宏观阐述，本研究将大学生拥有的社会资本界定为处于社会群体之中的大学生在家庭、学校、社会等现实环境及网络虚拟环境中，与其他个体产生联系，在互动交流中逐步构建的社会关系网络以及通过这一网络所积累的社会资源的总和。

2. 短视频场域

时长是短视频区别于长视频的首要特征。在视频网站时代，短视频主要是作为长视频的补充形式。优酷网创始人古永锵用"微视频"的概念来替代"短视频"，认为是"短则30秒，长则不超过20分钟，内容广泛，视频形态多样，可通过多种视频终端摄录或播放的视频短片的统称"。[①] 2011年，伴随着快手的诞生，迎来移动短视频时代。易观智库认为，"短视频是指时长不超过20分钟，通过短视频平台拍摄、编辑、上传、播放、分享、互动的视频形态"。[②] 张志安认为，短视频是"以移动智能终端为传播载体""播放时长在数秒到数分钟之间"的视频内容产品。[③] 各个短视频平台对时长也有

[①] 杨纯，古永锵. 微视频市场机会激动人心 [J]. 中国电子商务，2006 (11).
[②] 易观智库. 中国短视频市场专题研究报告 2016 [EB/OL]. [2021 – 10 – 21]. https：//www. analysys. cn/article/detail/1000134.
[③] 张志安，冉桢. 短视频行业兴起背后的社会洞察与价值提升 [J]. 传媒，2019 (7).

不同的认知：快手将 57 秒定义为短视频产品的工业标准；今日头条高级副总裁赵添认为，57 秒的短视频应该被称作"小视频"，并给出了 4 分钟为短视频新标准；而抖音则把视频时长削减到 15 秒。虽然短视频时长标准难以统一，但是短时长、高密度信息、满足用户碎片化消费需求是短视频的重要特征。

　　产制模式也是业者和学者界定短视频的另一重要特征。一点资讯总编辑吴晨光认为，短视频和小视频是有区别的两种不同产品，小视频时长更短，生产者更接近于用户产制模式，而短视频的"内容来源靠组织化生产，而不是某一个自然人"。① 而更多学者认为，与传统长视频排列点播不同，短视频平台提供的各种视频拍摄、剪辑、美化工具，促成了用户生产内容（UGC）、专业生产内容（PGC）、职业生产内容（OGC）等多元化产制方式。国外学者埃里克·J. 马丁（Erik J. Martin）认为，移动网络下观众注意力持续变短，因此发展出一种简短但内容有趣或让人产生兴趣，唤起人们的情感和分享信息的冲动，可以在社交平台等多渠道传播的视频片段。② 综上所述，短视频是指时长一般在几秒至几分钟不等，适应于用户的碎片化消费需求，内容短小精简，能够吸引用户注意力，唤起人们的情感和分享冲动，借助移动工具在 APP 等互联网视频平台播放的视频形式。

---

① 吴晨光. 定义内容生态［EB/OL］.［2019 - 05 - 13］. 蓝鲸财经，https：//dy. 163. com/article/EF2OIIFC05198R91. html.

② Erik J. Martin. The best strategies to monetize your short-form video［J］. EContent, 2015, 38（9）：14 - 19.

布尔迪厄对"场域"进行了系统全面的研究，并把它定义为"在各种位置之间存在的客观关系的一个网络或一个构型"。① 场域是行动者争夺有价值的支配性资源的空间场所，即在一定的界限内行动者对经济资本、文化资本、象征资本等的争夺。场域是不同位置之间的关系网，每一个场域都构成一个潜在开放的游戏空间，其疆界是一些动态的界限②，每一位置都会受到其他位置的界定和影响，每一位置的变动与转换又会影响到整个场域结构。据此，短视频场域是由各个短视频平台建立的信息传播、交流、互动空间，包含平台、用户、MCN 机构、广告商、政府、技术等行动者构建的关系网络，在此空间中处于关键位置的行动者短视频平台具有决定其他参与者或行动者权力与收益的重要作用。

五、研究方法

1. 深度访谈法

深度访谈法是通过与被调查者深入交谈来了解某一社会群体的生活经历和生活方式，探讨特定社会现象的形成过程，并提出解决社会问题的思路和方法。③ 为探寻"象牙塔"的

---

① 皮埃尔·布迪厄, 华康德. 实践与反思——反思社会学导引 [M]. 李猛, 李康, 译. 北京：中央编译出版社, 1998：134.
② 皮埃尔·布迪厄, 华康德. 实践与反思——反思社会学导引 [M]. 李猛, 李康, 译. 北京：中央编译出版社, 1998：142.
③ 孙晓娥. 深度访谈研究方法的实证论析 [J]. 西安交通大学学报（社会科学版）, 2012 (3).

博主们在短视频生产中社会资本的形式、积累、转化及碰撞，本研究在湖北省高校中选取 22 名参与短视频生产制作的博主们作为访谈对象，每位访谈对象平均访谈时长在 61 分钟。这些访谈包括非结构式访谈和极少量的试图从受访者那里得出一些观点和看法的开放式问题，采用正式访谈与非正式访谈、直接访问与间接访问相结合的方式。在访谈提纲的框架下，依据现场实际情况做弹性处理，在访谈过程中不局限于提纲的访谈顺序，鼓励受访者积极参与、回忆、思考、解释和详细描述，注重对相关问题的细节进行发散性探究，形成了 25 万余字的原始访谈资料（访谈提纲详见附录）。本研究需要依据访谈资料充分挖掘隐藏在短视频生产实践行动者言说话语背后的实践动机，以及在生产互动中形成了哪些社会资本，这些社会资本是如何积累、转化和碰撞的，"深入事实内部"以探求现象背后的真相或意义为最终归宿。[1]

从 2021 年 10 月开始，本研究采取"滚雪球"的方式获取并确定访谈对象。"滚雪球"方法的原理是"我们首先通过一定渠道寻找一位知情人士，然后通过这些知情人士的介绍找寻下一位知情人士，如此循环，样本像一个雪球一样越滚越大，直到收集到的信息达到饱和位置"。[2] 在本研究中，研究者先通过本校本院的短视频博主获得第一层样本，再用

---

[1] Wengraf, T. Qualitative Research Interviewing: Biographic Narrative and Semi-structure Methods [M]. Sage Pubn Inc, 2001: 6.

[2] 陈向明. 质的研究方法与社会科学研究 [M]. 北京: 教育科学出版社, 2014: 109.

"滚雪球"的方式，通过第一层样本的介绍获取更多具有差异化的样本。在执行访谈过程中，邀请访谈对象讲述自己自接触短视频以来，生产创作短视频平台的个人经历，包括在这一过程中发生的，且记忆深刻的互联网社交故事，再对所讲故事中与研究主题有关的内容进行深入追问。采用半开放式的访谈方法，确保个体经验材料的独特性与完整性，并通过访谈对象具体而详细的讲述，收获更多细节性的研究材料，旨在探讨身处"象牙塔"的博主们在社会化的过程中，是如何运用短视频创作生产实践进行社会交往的，考察短视频博主的身份对于他们所拥有的社会资本的建构、积累和转化产生的持久影响。由于社会资本是嵌入社会网络之中的重要生产性资源，它对于学子们从"象牙塔"走进职场有着重要影响，因此本研究不只涉及短视频创作生产对学子们社会资本的影响问题，更是在探讨新媒体环境下，学子们拥有的社会资本的碰撞对个人成长与发展的深层影响。本研究综合考虑平台类型、粉丝数量、传播效果和人口统计学变量等因素选取了22名访谈对象，其中平台类型多样，包括抖音、快手、B站、小红书等，粉丝数量从几百到几百万不等，获赞量少的有几千，多的达到几千万。受访的"象牙塔"博主们涉及不同年级的学生，从本科二年级到博士三年级，女性博主14名，男性博主8名。22名"象牙塔"博主访谈对象的基本资料如下表所示。

表 1　访谈对象基本资料

编号	性别	年级	粉丝量	获赞量
A1	女	2021 年毕业（硕士研究生）	58.1 万	648.8 万
A2	女	大三	6958	20.9 万
A3	女	大四	1508	8.3 万
A4	女	大四	5220	28.5 万
A5	女	大三	608 万	1.7 亿
A6	女	大四	420	2733
A7	女	大三	280	1800
A8	女	研一	520	2690
A9	女	大四	4.3 万	120.7 万
A10	女	大三	1303	9635
A11	女	研一	589	1.9 万
A12	女	大三	2378	6.5 万
A13	女	研一	100	4200
A14	女	研二	5500	11 万
B1	男	2020 年毕业（硕士研究生）	5.1 万	157.9 万
B2	男	2021 年毕业（硕士研究生）	2 万	227.5 万
B3	男	2021 年毕业（硕士研究生）	94.4 万	4333.4 万
B4	男	大二	4998	9 万
B5	男	大四	7096	34.7 万
B6	男	大三	3.2 万	55.9 万
B7	男	研二	3.1 万	341.8 万
B8	男	2022 年毕业（博士研究生）	1.8 万	4.5 万

2. 参与式观察法

1924 年，林德曼（Lindemann）首先使用"参与观察"（Participant Observation）一词，并将社会学研究中的观察者分为两大类型：客观的观察者和参与观察者。① 参与式观察是案例研究和质性研究的重要组成部分，也是社会调查研究的重要方法。通过参与式观察，调查者能够参与到所研究的社会情景中，变成研究群体中的一员，并用成员的眼光来了解被研究的社会群体。调查者从"局外人"转变为站在被研究者立场的"局内人"，有利于深入理解研究对象的言行，也有利于观察到一些平时难以见到的现象，了解到很多"局外人"难以入场的问题，其目的是直接获取研究设计所需要的分析资料。②

短视频的策划、拍摄、制作与后期发布需要经历一个完整的流程，甚至需要多人合作。为了获得更生动鲜活的案例，成为短视频场域里的"本地人"，本研究采用参与式观察的方法，成为创作生产短视频学子中的一员，亲身体验他们的生活，发现细节性的故事，挖掘新的研究问题，补充深度访谈所获取的研究资料。在本研究中，5 名调查者直接参与到上述22 名"象牙塔"博主们的短视频生产实践中，并进行为期一年的隐蔽性研究观察，对每名博主的参与式观察不少于三个月。在具体操作过程中，同为"象牙塔"学子的 5 名调查者带着好奇感逐步融入短视频博主群体，与他们一起讨论拍摄脚本、布置拍摄道具、参与拍摄，使博主们开始接纳这 5 名刚刚触及短视频生产的初学者，他们邀请调查者一起出游，

---

① 陈向明. 质的研究方法与社会科学研究 [M]. 北京：教育科学出版社，2014：228.
② 蔡宁伟，于慧萍，张丽华. 参与式观察与非参与式观察在案例研究中的应用 [J]. 管理学刊，2015 (4).

讨论新一期的拍摄选题，有时调查者和他们一边在办公室撸猫，一边网购拍摄道具；有时调查者和他们一起吃着炸串，同时扮演短视频中的群演；有时由于人手不够，需要调查者替他们打灯光。调查者跟在他们的身边，倾听他们的谈话，在感兴趣的地方会加入谈话一起讨论。在此过程中，调查者亲身体验到短视频拍摄制作和传播的全过程，与这些短视频博主成为朋友，了解他们通过短视频平台建构的交往世界。

在参与式观察过程中，5名调查者注重观察对象日常的社交行为及其所处的社交网络，动态地看待短视频生产实践与其日常生活的关联，并对博主们的行为和活动做田野记录。在不破坏和影响观察对象的原有结构和内部关系的环境中，调查者可能会注意到不寻常的现象，获得较深层的结构和关系材料。与此同时，在参与式观察的过程中进行深度访谈，对涉及研究问题的内容进行追问。在观察和访谈结束后，及时整理访谈材料，包括观察对象的情绪状态、肢体反应等访谈话语之外的细节，对存在疑问或有价值的内容通过面谈或微信语音的方式进行追访，再次整理完善访谈材料，以供后期分析使用。

六、研究思路与目的

1. 研究思路

本研究沿着"提出问题→分析现状→剖析困境→解决对

策"的思路展开研究。具体研究框架见下图。

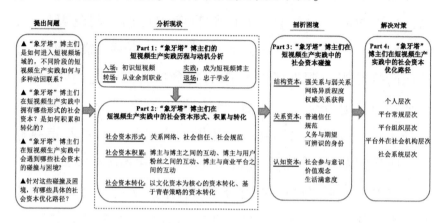

图1 研究思路框架图

本研究第一部分聚焦"象牙塔"里的博主们在短视频场域中的入场、实践、转场、退场的演进历程，并从实践范式视角探讨不同阶段的短视频实践如何与多种动因联系。

第二部分主要分析短视频生产实践中的社会资本形式、积累与转化现状。在社会资本形式上，阐释地域型和脱域型关系网络，关系型和普遍型社会信任，道德性、契约性和行政性社会规范；在社会资本积累上，强调网络互动这一重要途径，从博主与博主之间、博主与用户粉丝之间、博主与商业机构之间的互动中探寻社会信任、联系和认同；在社会资本转化上，关注文化资本和青春策略两个维度，前者包括利用文化资本建立社会信任、运用文化资本强化关系网络、挖掘文化资本实现经济价值三个方面，后者包括以创作校园内容为载体的转化、以颜值人设聚集流量关注两个方面。

研究的第三部分从结构资本、关系资本和认知资本三个层面剖析短视频生产实践中的社会资本碰撞与困境。弱关系的强化和强关系弱化，一方面使虚拟社群亲密交往带动线下关系链接；另一方面带来疏远校园、屏蔽父母的问题。社会网络的异质程度增强，虽有利于社会资本的获得，却也潜藏商业陷阱。取得较好传播效果的"象牙塔"博主们能够在社会网络中获得权威关系，但也增加了责任负担。短视频博主们形成了个人所独有的社会网络后，可以获得信任、规范以及义务与期望、身份与地位等关系资本，并充分利用这些社会资本以实现自我价值，但也面临"利用"与"被利用"的两难境地。认知资本碰撞体现为"大学生"这一身份与"社会人"身份之间的冲突，具体表现为社会参与意识中的积极进入社会与淡漠校园交往，个人价值观念中的创业实现个人价值与学生不务正业，生活满意度中的成就感与失落感。

最后部分借鉴影响层级框架，从个人层次、平台常规层次、平台组织层次、平台外在社会机构层次和社会系统层次五个方面为"象牙塔"博主们解决短视频生产中的社会资本碰撞与困境提供一些有益的路径指示，以期促进短视频行业的良性发展。

2. 研究目的

近年来，短视频行业呈现井喷式发展态势，高校大学生成为短视频领域的新生力量和主力军。"象牙塔"的博主们在短视频生产中不断形成、积累和转化社会资本，但也不可避免地会面对各种社会资本的碰撞和困境，如何优化社会资本，促进短视频行业的良性发展，已成为社会发展中亟待解决的问题。据此，本研究的主要目的包括以下四个方面。

（1）分析"象牙塔"博主们的短视频实践历程与动机。"象牙塔"里的博主们只有进入短视频场域之中，才有可能获取其中的社会资本，才会引发社会资本的碰撞与困境。厘清"象牙塔"里的博主们在短视频场域中处于入场、实践、转场、退场等不同阶段的表现和动机，是本研究需要首先解决的问题。

（2）揭示短视频生产实践中社会资本形式、积累与转化的形态与途径。本研究以社会资本理论为分析框架，通过深度访谈和参与式观察，深入探索"象牙塔"里的博主们在短视频生产实践中的社会资本形式，以及积累与转化的途径、机制和影响因素。

（3）剖析短视频生产实践中社会资本碰撞与困境的表现及原因。从结构资本、关系资本和认知资本三个维度，围绕弱关系的强化与强关系的弱化、社会网络的重塑与危机、"利用"与"被利用"的两难境地和学生与社会人的身份认知冲突等方面进行阐释，为社会资本优化路径的提出提供研究基础和数据支持。

（4）探寻"象牙塔"博主们的社会资本优化路径。大学生在短视频生产实践中存在的强关系弱化、商业陷阱、社会责任、身份冲突等方面的问题是由于多种因素所导致的。在影响因素与形成机制的研究基础上，从个人层次、平台常规层次、平台组织层次、平台外在社会机构层次和社会系统层次五个方面探寻"象牙塔"博主们的社会资本优化路径。

第一章 "象牙塔"博主们的短视频生产实践历程与动机分析

布尔迪厄认为，所谓社会资本是"实际的或潜在的资源的集合体，那些资源是同对某些持久的网络的占有密不可分的。这一网络是大家共同熟悉的，得到公认的，而且是一种体制化的关系网络，这一网络是同某团体的会员制相联系的，它从集体性拥有资本的角度为每个会员提供支持，提供为他们赢得声望的'凭证'"。① 社会资本以关系网络的形式存在，"象牙塔"里的博主们只有进入短视频场域之中，才有可能获取其中的社会资本。

场域可以被定义为在各种位置之间存在的客观关系的一个网络，或一个构型。② 短视频场域是一个由各个短视频平台搭建的具有相对独立性的社会空间，在这一空间中多元主体

---

① 卜长莉. 社会资本与社会和谐 [M]. 北京：社会科学文献出版社，2005：31.
② 皮埃尔·布迪厄，华康德. 实践与反思——反思社会学导引 [M]. 李猛，李康，译. 北京：中央编译出版社，1998：133 – 134.

参与短视频内容的生产制作、传播、交流与互动。本章聚焦"象牙塔"里的博主们在短视频场域中的入场、实践、转场、退场的演进历程,并从实践范式视角,强调以短视频生产为面向的或者是与短视频生产有关的所有开放的实践行为,以及短视频生产在其他社会实践中所发挥的作用。在此研究基础上,总结"象牙塔"博主们在不同阶段的短视频实践中如何与多种动因联系。

一、入场:初识短视频

1. 社交归属:"身边的人都在玩"

短视频流行于高校学生群体已成为不可否认的现实,自 2016 年短视频"爆发"元年以来,凭借其短、平、快的信息形态,迅速成为全民追捧的观看对象。短视频丰富震撼的视觉符号以及无间断的自动播放,最大限度地抓住了观看者的注意力,带来强烈的沉浸观感,容易形成精神麻醉作用,让观看者完全忽略了时间的流逝,更引发"抖音一分钟,人间三小时"的真切体会。截至 2022 年 6 月,我国网民规模为 10.51 亿,其中短视频用户占网民整体的 91.5%。[①] 根据 2022 年 4 月中国青年网校园通讯社面向全国 11267 名大学生开展问

[①] 中华人民共和国国家互联网信息办公室. 第 46 次中国互联网络发展状况统计报告 [EB/OL]. [2022 - 10 - 22]. http://www.cnnic.cn/NMediaFile/2022/0926/MAIN16641834 25619U2MS433V3V.pdf.

卷调查的数据显示,超八成大学生经常刷短视频,近三成每天刷 2~5 小时。搞笑段子、校园生活、时事热点等短视频内容深受大学生欢迎,超九成大学生刷短视频是为了娱乐放松,超七成认为刷短视频容易成瘾。[①] 对于热衷于追求新鲜事物,课余时间丰富,且学习速度快、接受能力强的大学生来说,接触并使用短视频是一件自然而然的事。同时,短视频内容不但精彩纷呈且时长较短,依托算法技术的个性化分发,牢牢霸占了大学生的手机屏幕,吸引大学生加入其中,成为分享短视频作品的一员。

在媒体融合的推动下,短视频成为信息传播的常见形态之一,极大丰富了人际交流的方式与内容,使得我们的日常交流不仅仅局限于文字和图片。如今,短视频无疑已经成功营造出了全新的媒介环境,重新定义了信息传播的"新模式",开启了短视频的"读秒时代",大学生群体同样成长于短视频的媒介环境之中。

大学生群体的社会化发展和健康成长有着强烈的社交需求,基于马斯洛需求层次理论,社交需求的本质实际上是人对于情感和归属感的需求。在社会交往中,个体一旦意识到自身作为群体成员具备相应的资格,且这种资格带有重要的情感价值,便会对社会群体进行分类,从而对自己所属的群体产生强烈的社会认同,这种社会认同使个体高度追捧自身

---

① 中国青年网.大学生短视频使用调查:超六成喜欢刷搞笑段子,超七成担心成瘾 [EB/OL]. [2022 - 10 - 22]. https: //baijiahao. baidu. com/s? id = 1729795910497032518&wfr = spider&for = pc.

所属的社会群体。① 大部分大学生群体的社交圈较为狭隘，交友范围仅局限于宿舍和校内社团，为避免不入群，在群体舆论、气氛和态度的影响下，往往会采取与大多数人一致的行为。因此，媒介环境的改变，身边众多朋友开始使用短视频，成了大学生最初接触短视频的主要原因。"身边的人有一天突然下载了短视频 APP，都在那里刷刷刷，我也就下了一个"（A2，2021/11/2）。"我有两个同学，我记得他当时玩抖音，说到抖音上给他点赞"（A4，2021/12/2）。

同时，短视频的开放性也为寻求社交连接的大学生提供了机会。"因为朋友都在玩，自己没事的时候就去看一下，又想分享一下自己的一些照片"（B4，2021/10/27）。"我当时就觉得还挺好玩的，平常可以发发自己的视频啊，还会有人给你点赞，还蛮好"（A3，2021/11/25）。短视频平台提供的社交网络使他们不仅可以和亲密的人保持密切交流，也可以观察不熟的人的生活状态和心态，同时有目的地自我暴露，以获得更多社交连接的可能性。

短视频的迅猛发展与其所具有的独特优势，使它快速席卷广大的大学生群体。随着媒介环境的改变，短视频也改变了他们的社交生活方式，以及他们与媒介的关系。在短视频营造的媒介环境中，大学生群体强烈的社会认同以及情感归属的社交需求，使他们纷纷效仿身边已经使用短视频的朋友，这成为他们开始接触、使用短视频的动因之一。当然，大学

---

① 王璐，李磊. 有界广义互惠与社会认同：社交网络游戏对大学生群体亲社会行为机制研究 [J]. 国际新闻界，2019（6）.

生群体接触并使用短视频也与进入大学校园后，拥有较多的闲暇时间有着莫大的关系，因为这使得他们有了深度使用短视频的现实机会。

2. 娱乐消遣：紧张学习之后的放松

在我国目前的人才筛选机制中，高考占据了很大的权重，一种"一考定终身"的错觉和压力施加在学生和家长身上，导致我国教育长期存在"玩命的中学、快乐的大学"的现象。纵观学生的整个学习阶段，便会发现高中学生的学业压力巨大，长期处于紧张状态。与此同时，当高考结束，学生进入大学之后，拥有了较多可自由支配的闲暇时间，长期高度紧张后的突然放松，大学生容易成为空闲、无聊的个体。这导致学生们常常会降低对自己的约束和要求，在闲暇之余沉浸在更多的娱乐活动之中，使用短视频 APP 便是大学生主要的娱乐活动之一。"我头一次知道短视频是上高中，那会忙学习，没时间，后来高中毕业之后看抖音"（B3，2021/10/21）。"高三的时候一直在忙高考，后来读大学之后就重新开了一个短视频账号"（B4，2021/10/27）。"自己尝试去做短视频，就是高考以后"（A3，2021/11/25）。大学在不经意间转变为了自由的"游乐场"，短视频成为紧张学习之后的放松。

初次接触短视频，给他们带来了极具吸引力的使用感受。"好玩，有意思，花花世界迷人眼，内容很丰富，对我有着从未有过的巨大吸引力，会很想一直使用这个媒介"（A5，

2021/12/7)。短视频所呈现的丰富内容,使他们的需求得到了满足,有人在上面"看到了世界各国的美景,还有各种各样的舞蹈,颜值非常高,也不觉得土,觉得很高雅","学习抖音拍摄'最火的运镜'"(A4,2021/12/2);有人在上面"关注美女帅哥,学习化妆、穿衣服,了解陌生人的生活"(A3,2021/11/25),"好奇心、猎奇心得到了极大的满足"(A7,2022/1/9);也有人看"搞笑视频"放松的同时,关注高质量的摄影视频,学习电影感的拍摄和配乐,"与摄影博主加了微信,交流拍摄技巧"(B2,2021/10/16);也有人把短视频视为自己没事时候的一种消遣方式,"无聊的时候,拿起手机刷一刷,挺方便的,用来打发时间挺好的"(A2,2021/11/2)。

然而,使用社交网络的时间不断增加,短视频成瘾成为众多大学生都感同身受的困境。短视频成瘾主要指长时间集中使用短视频 APP,使用者产生一种慢性或周期性的着迷状态,并产生强烈的、持续的渴求感和依赖感。[1]"我是抖音的中毒用户,看得特别多,很痴迷"(A4,2021/12/2)。"我玩了一段时间,觉得它很容易上瘾,因为它能捕捉到你的喜好,会给你推很多你喜欢的内容,后面发现很占用你的时间,一玩基本上就一两个小时,带给你的快乐更多是那种快感的东西,不需要动脑子,不用思考"(A6,2021/12/26)。痴迷成瘾导致大学生"键对键"的社交越来越多,"面对面"的交流越来越少,给学习和生活带来许多不良影响,如削减学习

---

① 李霞,秦浩轩,等.大学生短视频成瘾症状与人格的关系[J].中国心理卫生杂志,2021(11).

专注度，缺乏深度思考，容易抑郁、焦虑，影响睡眠质量等，从而促使大学生群体会根据学业的繁忙程度，做出停更短视频或者直接卸载短视频 APP 的行为。"大二转专业之后，因为那段时间非常不适应，就把账号关闭了"（B4，2021/10/27）。"因为现在太忙了，主要在准备考研，卸载了抖音"（A4，2021/12/2）。面对短视频的诱惑，部分有自律意识的学生能够从诱惑中抽离出来，摆脱短视频成瘾困境，但也有部分学生不仅仅将使用短视频视为娱乐消遣的途径，更是将其视为大学生创业的风口，但无法完全兼顾学业。

二、实践：成为短视频博主

2021 年 1 月，抖音首次发布的《大学生数据报告》中显示，截至 2020 年 12 月 31 日，抖音在校大学生用户数已超 2600 万，占全国在校大学生总数的近 80%。大学生也成为短视频创作者中的"生力军"，大学生发布的视频累计播放量 311 万亿次，点赞量 1184 亿次，分享量 27 亿次。[①] 短视频领域热闹非凡，成为当下最流行的一种玩法，吸引了一批又一批的创作者投身其中，许多大学生也因为各种原因纷纷开始尝试成为短视频博主，用自己的方式创造引人瞩目的体验。本节基于实践理论的范式框架，将大学生的短视频生产实践动机置于行动者的日常生活中，强化实践发生时的社会情境

---

① 中国经济网. 抖音发布首份大学生数据报告 大学生创作视频播放量超 311 万亿次. ［EB/OL］. ［2021 － 01 － 27］. https：//baijiahao. baidu. com/s? id = 1689991632802246822&wfr = spider&for = pc.

而非实践行动者的主观意愿与行为动机之间的互动关系。同时，在本节研究中既兼顾实践行动者的理性目的与情绪使然，也关注实践组成元素的客观性与主观性。西奥多·夏兹金（Theodore Schatzki）建议"要揭开实践动机秘密最好的办法就是给行动者提出一连串'为什么'问题"。[①] 基于此，本部分在深度访谈中针对实践行动者的行为动机设置了一连串"为什么"问题，通过分析行动者的话语表述进而揭示行动者参与短视频平台实践的动机以及一系列行为背后的相互关系。

1. 纯粹的实践理解力

夏兹金提出"实践理解力"是构成实践组织的要素之一，是人们对行为作出的合乎情理的反应，并且这些合乎情理是有意义的，有所指的。在此基础上，夏兹金还提出"敏感理解力"（sensitized understandings）的概念，[②] 是指对在某些特定生活领域中能够转换行事和说话方式的能力。比如说，当一个人进入军事领域时，他会对"命令"的理解变得敏感，意识到发布和接受命令的特定行为和言论，言谈举止在时间、节奏、声调等方面予以调整转换。

在访谈中，有五位受访者的实践并不是始于理性动机，而是基于他们对短视频生产的意义而做出的反应。抖音平台

[①] Schatzki, T. R. Social practice: A wittgensteinian approach to human activity and the social [M]. Cambridge: Cambridge University Press. 1996: 118.

[②] Schatzki, T. R. Social practice: A wittgensteinian approach to human activity and the social [M]. Cambridge: Cambridge University Press. 1996: 100.

的调性是"记录美好生活"，让每一个人看见并连接更大的世界，鼓励表达、沟通和记录，激发创造，丰富人们的精神世界，让现实生活更美好。快手的品牌口号也从"看见每一种生活"迭代升级为"拥抱每一种生活"，鼓励用户从观察者转变为参与者。作为当代大学生，受访者能够敏锐地从他人的短视频实践中感知到实践意义，并让自己也采取能够让行动者彼此都能领会，也都觉得有意义的方式来思考、讲话和行动，而不用去说明这样做的原因。① 比如，做短视频博主"就是我喜欢"（A5，2021/12/7），"拍短视频，做博主，只是我们的娱乐，我们想怎么快乐怎么来，并不想给别人产出什么，首先是考虑自己的感受"（A4，2021/12/2），"我觉得抖音上大部分都是很闹腾的，我就是想拍点安静的，把我想要传达的情感传达到别人心里"（B2，2021/10/16）；拍搞笑视频"是我个人认为自己适合演绎，我这个人就很搞笑"（A4，2021/12/2）。

2. 社交网络中的自我呈现

戈夫曼的"拟剧论"认为在社会交往中，个体为了控制他人对自己的印象，从而有选择性地对外展示自己的形象②，这种行为恰好表明了个体的社会性。作为大学生日常社交的

---

① Schatzki, T. R. Social practice: A wittgensteinian approach to human activity and the social [M]. Cambridge: Cambridge University Press, 1996: 76 – 80.

② Goffman, E. The Presentation of Self in Everyday Life [M]. Garden City: Doubleday Anchor Books, 1959: 8.

主要途径，短视频平台使这种自我呈现式的印象管理从面对面的人际交往延伸至键对键的线上交流。同时，在极具个性化且高自由度的短视频平台上，大学生的自我呈现更加随性，对自我形象的管理有着更强大的掌控能力。

被关注是大学生成为短视频博主的重要驱动力。身处"象牙塔"，大学生的社交圈子相对单一，交往目的也比较单纯，在日常的社交活动中，他们更希望通过自我呈现获得他人的关注。在短视频平台上，他们会根据自己的特征塑造符合自己的人设，通过社交表演展现理想中的自我，从而被他人看到，收获更多存在感和心理上的满足感。"我就把短视频当成一种娱乐的方式，想着有更多人能看到我"（B3，2021/10/21）。"我是一个比较张扬的人，发短视频就可能被别人看到，会觉得有一种心理上的满足"（B4，2021/10/27）。"会很高兴有这么多人来关注我，给我评论"（A3，2021/11/25）。在短视频平台上进行自主的表演，搭建了大学生与他人的社交连接，也使大学生在他人的印象管理中收获积极的正面效应来充实自己的生活。在流动性极高的现代社会，个人在这种流动中更容易迷茫，短视频平台上的社交行为，一定程度上可以修复因升学而被迫流动和迁移的大学生所面临的社会关系以及情感的断裂。①

3. 身边人的成功激发经济利益的追逐

投身短视频创作的大学生群体中，有不少人抓住了机遇，

---

① 戴仁卿. 社交网络空间转换：大学生"晒图"行为研究 [J]. 当代青年研究，2020（4）.

选准了赛道，掌握了短视频流量密码，成为拥有千万粉丝的校园短视频博主。在他们的短视频作品里，能够看到真实的校园生活以及学生群体每天所经历的喜怒哀乐，对真实校园生活的记录使观看者真切体会到短视频中营造的真实感。屏幕中近在咫尺的校友，熟悉的宿舍、操场、食堂、教室，这些元素都使他们觉得成为短视频博主是一件触手可及的事情。"抖音开始流行的时候，当时我就想我要是能成为里面的博主就好了，之后发现我们学长在做，我可以跟着他们学一学。他们让我看到了一个能触及的门槛，我的学长能做到这样，我肯定也能做到"（B1，2021/10/10）。"我们学校不是有同学在做短视频嘛，感觉如果自己能做起来也是挺好的"（B4，2021/10/27）。"我有一个同学很火，他有 300 多万粉丝了，我当时就觉得我和他性格也差不多，他能做到这样，也算是一个榜样吧，我就觉得这个东西有希望"（A5，2021/12/7）。

同时，身边成功的校园短视频博主获得的可观收益，也驱使着部分学生渴望成为其中的一员，收获一波短视频内容创作的红利。"想去尝试一下，确实现在短视频行业如果做起来之后，利润蛮可观的"（A2，2021/11/2）。"看到很多人因为短视频收益很可观，可以变现，我也有这样的打算，想试试看"（B2，2021/10/16）。虽然他们中大部分人"通过短视频挣钱"的想法还处于尝试阶段，尚未得到理想中的收益，但依然对自己的短视频博主之路充满希望。"现在特别想把账号做起来，我也很清楚这个过程确实非常艰辛，不是说随随便便就能火起来，前期确实需要很多努力，可能中间有很多情况，我还是想接着好好做短视频，虽然很难"（A2，2021/11/2）。

4. 促进其他社会实践的完成

还有一些"象牙塔"里的博主们投身短视频实践是为了促成其他实践的完成，比如新闻学子做短视频博主就可能出于对专业学习的兴趣与要求。"因为我当时在新闻传播专业，觉得可以通过短视频，把自己专业上面的东西结合起来做一些内容"（B4，2021/10/27）。"大三的时候我们需要完成实习环节，在疫情期间学院允许自媒体实习，只要你做到规定的时长和数量就可以。当时考虑有很多同学还要考研，就不想花费太多时间找外面的实习工作。我们就组了5个人的团队直接做抖音，团队成员有会拍的、会剪的，这样比较灵活方便"（A6，2021/12/26）。不同于个人尝试做短视频博主，通常以"说干就干"的形式，直接在短视频平台上展示自己、获取关注，而组队完成实习作业的大学生们为了体验短视频博主，前期则会做更多的准备工作。"做这个号之前，团队成员聚在一起起码讨论了三四次，因为我们觉得第一期很重要，具体走哪个方向，就讨论了很久，包括买什么道具，从整体规划到具体细节都要定下来。我们的选题基本上是拍完之后还会聊一下，如果觉得不是很好做，或者有新的灵感，我们就作为下一期的备用选题"（A6，2021/12/26）。

然而，尽管前期做好了充足准备，进入短视频创作洪流时，这类因专业课程或专业实习要求，而选择体验短视频博主的大学生，从一开始便暴露了自己固有的软肋。首先，与其他学生展示自己、追求爆款视频的明确初衷不同，他们仅仅将拍摄制作短视频当作一项作业任务来完成。"我们也没想说真的把它做成一个什么样的程度，最开始就是想能交这个实习作业就可以了"（A8，2021/12/17）。由于缺乏原始创作的积极性与热情，"拍了几期之后没啥感觉，后面就麻木了，整体的激情不如一开始"（A8，2021/12/17）。其次，他们的创作主要参照学院所制定的实习要求，而非短视频平台的"游戏规则"。"其实我们没有按照抖音的规则去做，完全是因为实习的时长限制，如果是视频类的话，实习要求有48分钟，要凑48分钟，其实在抖音上挺难，但是后面就破罐子破摔了，一期剪下来两三分钟很常见，为了凑时间"（A6，2021/12/26）。尽管对于自己的弊端十分清楚，但是在方便实习与做出爆款视频二者之间，出于时间和精力的考虑，他们依然选择了前者，无奈地遵循实习规则。

从上述分析来看，"象牙塔"里博主们投身短视频生产的实践动机突破了二元对立，具有多样性和复杂性：既是无意识的，也是有意识的，可以是娱乐表达的自然反应，也可以是自我形象的呈现与经济利益的追逐；既是理性的，也是感性的，可以是为了促进其他社会实践的完成，也可以纯粹是为了好玩、有意思的情绪使然；既是主动的，也是被动的，可以是出于兴趣爱好、创业获利的自主实践，也可以是为了完成实习任务的被动选择；既是固定的，也是流动的，可以是不变的例行化日常实践，也可以是随着时间和情境变化而改变的实践动机。

三、转场：从业余到职业

吉登斯（Anthony Giddens）提出的社会结构二重性理论认为，行动者的行动既维持着结构，又改变着结构。[①]"象牙塔"里的博主们利用社会规则和资源在短视频场域中投身实践，这些实践行为又反过来作用于社会结构，形成新的规则制度、经济形态、人际关系等。"象牙塔"里的一部分博主们从最初的业余创作到职业发展的身份转场，背后是兴趣、资本与权力的推进。

1. 兴趣驱动

兴趣是驱动大学生成为短视频博主的首要因素。起初，他们中少数人"不算是拍着玩，也不算是当成职业，只是决定认真做短视频"（A5，2021/12/7），慢慢地坚持，逐渐有了发展。在短视频这份事业里收获了外界的肯定，更加投入自己的创作。在"象牙塔"中，有许多学生紧跟网络热点、精心策划选题、布置拍摄场景，付出无数心血，只为拍出一条能够"爆"的短视频，收获更多的关注与流量。

2. 资本助推

在短视频场域中，"象牙塔"里的博主们拍摄的诙谐搞笑

---

① 安东尼·吉登斯. 社会的构成 [M]. 李康，李猛，译. 北京：生活·读书·新知三联书店，1998：75.

的校园故事、展现的少年感高颜值、探索的好吃好玩的新奇店铺能够迅速捕获年轻受众的注意力,在短时间内聚集大量粉丝流量,这些粉丝流量又通过广告变现,获取巨额经济收入。"有人能肯定你,要么是粉丝的肯定,要么就是资本的肯定。资本给你钱,你每做一个东西,会有人投资。做了半年之后,我接的第一个广告是电动车,第一次是 2000 元,我特别用心地拍"(B1,2021/10/10)。"我觉得这是在实现自己的理想,我是觉得我很累很辛苦,但是会觉得很值,很充实,每每回想起那个时候,我都觉得蛮快乐的,因为我不仅获得了流量,获得了经济上的自由,更觉得我做出了一个东西,我很开心,更多的是成就感会让人觉得舒服"(A1,2021/10/2)。

3. 权力获取

除了资本助推以外,权力是推动 "象牙塔" 里的学子们成为全职博主的另一个重要原因。学子们的短视频生产在某种程度上就是一种话语实践,在 "符号—意义" 系统中产生、传递权力,从而打破传统意义上的精英、权势阶层单一话语权模式。"挺意外的,那是个巧合,武汉暴发疫情,当时整个城市的灯光秀,全部亮成红色的 '武汉加油',我家窗户可以看见,就直接拍了发出去。当时那个点赞数,我可能这一辈子再也达不到了,160 万的赞,还被央视转发了,这个就给了我一些信心,后面就开始专门发一些东西"(B2,2021/10/16)。拥有话语权力和文化权力的博主们也肩负起了相应的职业责任感。"如果视频效果不好，我就会觉得对不起粉丝，最害怕观众会失望。我拍这些就是希望他们看到了能觉得好笑，乐一乐"（A5，2021/12/7）。

在兴趣、资本和权力的三重驱动下，繁忙的拍摄创作以及众多的工作任务也迫使他们渐渐疏远校园生活，让年轻的"象牙塔"博主们决定趁现在努力奋斗一把，将短视频作为事业，成为一名全职博主。"不住在学校了，课也不是全都上（A5，2021/12/7）"。"当时选择了几门课不去上，我觉得顾不上学习之后，我就直接放弃了学习"。校园生活的缺失，使他们往往自嘲"我不是什么优秀学生，不是那种很刻苦的学生，短视频都快占据我80%的精力了，我连六级都没考过，就是因为搞这个事情"（A1，2021/10/2）。"我不喜欢学习，我承认"（A5，2021/12/7）。

从学子的业余创作到职业人的全职发展，身份的转场意味着这些博主们要按照职场人的规则和制度去处理纷繁复杂的冲突与矛盾，比如"象牙塔"博主们在短视频场域中获得成千上万的关注与喜爱，但也有随之而来的一些异样声音，他们也逐渐能够平和且成熟地应对。"人一火，受到大家关注后，好的坏的评价都会来，我开始看到这些评论，有些接受不了，不理解怎么会用这么恶毒的话来评论我呢，后来就想做不到人人喜欢，只需要一部分人喜欢就可以了"（A1，2021/10/2）。"负面评价很正常，人人都有评价的权利，言论自由"（B3，2021/10/21）。

在身份转场后，博主们也面临资本和权力的双重制约。

在职场中,博主们在收获可观经济利益、获取成就感的同时,也背负着与 MCN 机构签订的高指标任务。为迎合受众口味,获得流量、热度,博主们陷入了短视频生产的模式化和套路化,用大众流行的浅层娱乐代替高深精微的严肃思考,用戏谑瓦解权威,用庸俗价值观取代主流价值观,顺应消费文化和奇观文化的盛行,单一考虑流量和迎合受众兴趣而偏离社会主流价值观进行短视频生产的做法自然是不明智的,长期放纵必将遭到其反噬。

四、退场:忠于学业

不同于放弃学业,转入职场的博主们,还有一部分实践行动者或因为难以实现预期,或因为难以兼顾,而选择了忠于学业,退出短视频生产或者暂时停更。

1. 无法实现预期

"象牙塔"学子们带着娱乐分享、自我呈现、经济追逐、完成其他社会实践等动机而进入短视频场域从事生产创作。但是由于短视频爆火存在"幸存者偏差",很难一拍即"火",一蹴而就,在经历一段时间的努力实践之后,有些"象牙塔"博主逐渐认清形势,认为自身发展很难实现预期,从而选择退场。

成为短视频博主的每一位学生,他们都拥有同一种共识,即仅靠个人力量,没有 MCN 机构的帮助,从起步阶段到爆火是一件很难的事情。我从大二的时候就开始做，但是始终难以突破临界点，热情逐渐消退后，我就不再更新了。（A7，2022/1/9）

2. 难以二者兼顾

繁忙的校园生活使他们抽不出时间来创作短视频，也是引发退场的重要原因。"学习太忙，生活不止有短视频，大多数时间都花在其他事情上面，没有时间去思考"（A4，2021/12/2）。当创作短视频和学习冲突时，他们更倾向于"先忙完作业再去拍短视频，如果今天特别忙，可以不更新，明天再更"（B3，2021/10/21）。有的高年级学生为了取得较为优异的学业成绩，拿到奖学金，他们甚至会毫不犹豫地选择长期停更短视频，认为拍短视频"太浪费时间"（A4，2021/12/2），而课程学习、参加专业比赛、准备教师资格证考试、考研以及实习则是校园生活中更为重要的事情。因为专业课程的要求，选择体验短视频博主的学生，则直接将创作短视频作为学习任务的一部分，为了不想占用更多学习时间，他们决定"速战速决把它弄完，并没有因为这个实习，把它当作一个事业去做"（A6，2021/12/26）。

由此可见，一夜爆火、月入过万，这些标签听起来很让人向往，但是却受制于机构资本、生产能力、投入时间等众多因素的影响。有越来越多的大学生群体狂热地涌向短视频场域的同时，也有很多博主们选择退场，或是等待时机。

第二章 "象牙塔"博主们在短视频生产实践中的社会资本形式

科尔曼在《社会理论的基础》一书中，将社会资本详细划分为六种形态：义务与期望、信息网络、规范和有效惩罚、权威关系、多功能社会组织和有创意的组织。① 罗伯特·D.帕特南认为，社会资本是社会组织的特征，包括信任、规范和网络。② 结合学者们的既往研究成果，本章从关系网络、社会信任和社会规范三个维度来阐释"象牙塔"里的博主们在短视频生产中社会资本形式。

一、关系网络

关系网络是社会资本的重要形式，是由个体之间特定的

---

① 詹姆斯·科尔曼. 社会理论基础（上）[M]. 邓方，译. 北京：社会科学文献出版社，1999：357 – 367.
② 罗伯特·D. 帕特南. 使民主运转起来——现代意大利的公民传统 [M]. 王列，赖海榕，译. 北京：中国人民大学出版社，2001：195.

社会联系构成的相对稳定的关系状态和关系模式。如前文所述，布尔迪厄特别强调关系网络为行动者提供支持，提供为他们赢得声望的"凭证"。林南也指出"社会资本是嵌入在关系网中的资源"①。但是，并不是行动者所拥有的所有关系网络都可以成为社会资本，"只有那些彼此互惠、帮助，认为对方享有责任与义务的网络才能称得上是社会资本"②。本研究中的关系网络是指"象牙塔"里的博主们在短视频场域中，对信任和规范等产生直接影响的网络结构，主要包括地域型关系网络和脱域型关系网络两种类型。

1. 地域型关系网络

地域型关系网络主要是指博主们基于血缘、地缘、学缘等关系而形成的原始社会网络。象牙塔是一个相对同质封闭的物理空间，学子们通常基于同学、室友等关系而形成社会网络。

大部分短视频创作都需要团队合作，从撰写拍摄脚本的编导，实地拍摄的摄像、灯光和演员，后期加工剪辑再到内容运营，这些人员组成了一个完整的短视频创作团队。即使是还处于"萌新"阶段的短视频博主，也需要有演员和摄像的配合和参与。因此，在初期，博主们往往会邀请身边可以

① 林南. 社会资本——关于社会结构与行动的理论 [M]. 张磊, 译. 上海：上海人民出版社, 2005：42.
② Malaby, T. M. Parlaying Value: Capital in and beyond Virtual Worlds [J]. Games & Culture, 2006, 1 (2).

接触到的人帮助自己完成拍摄，这些受到邀请的人不一定是自己熟悉的亲密好友，只要有共同的志趣即可一拍即合。身处"象牙塔"这一环境，与校园中的同龄人合作成为学子博主们生产短视频的重要特征。校园里志同道合的同学很多，很容易就可以找到一群有共同兴趣的人，一起进行短视频创作。"我就喊我的同学们一起做短视频"（A5，2021/12/7）。有时候"象牙塔"博主们会拉上室友一起探店，创作短视频的过程也变成了寝室聚餐。"很多视频是我的室友帮我完成的，她们帮我拍摄，有的时候探店就变成了我们寝室的聚会，寝室几个人去吃一顿饭，然后她们帮我拍，又省了饭钱，又赚到了钱，大家就蛮开心的"（A1，2021/10/2）。有时候叫上同班同学帮忙出镜，在课余时间一起创作。"身边提供出镜拍摄的人，都是我们班同学，大家比较放得开一点，在镜头面前比较自然一些"（A2，2021/11/2）。有时候他们即使不是同一专业，也会因为共同喜欢短视频创作而成为短视频创作合作伙伴。"帮我拍摄的同学不是我们专业的，他是和我在校团宣工作的时候认识的，他在摄影部，我在视频部，我们是很好的朋友"（B4，2021/10/27）。

在集体创作讨论的时候，大家总是会一边发表观点，一边开始角色扮演。团队中的每一个人都能在对方毫无预警的表演结束后，立即懂得表演中所表达的梗。这种团队默契的背后，是一群人通过内部符号语言逐步构建彼此共享意义世界的结果。"我们团队成员算是很亲密的朋友，怎么说呢，我们几个在生活中除了对方，就没有别人了，因为天天都在忙这个事（创作短视频），天天都待在一起"（A5，2021/12/7）。

2. 脱域型关系网络

"象牙塔"里的博主们在短视频生产中主要面临的是地域型关系网络向脱域型关系网络的转换。脱域型关系网络则让博主们的社会关系不再局限在一时一地，而是在异质网络空间中不断得到广度和深度的延展，从而获得更多社会资源。线下向线上的空间流动对应的是同质封闭网络向异质开放网络的转换。由于资本和权力的拉力作用，"象牙塔"里的博主们打破线下空间限制，在更广阔的线上空间重构新型关系网络。

短视频平台能够在个性化推送中让"象牙塔"里的博主们轻易接触到志同道合之人，在互动开放的实践中建立、拓展、维持信息网络，获得弱关系的强化。"在发布搞笑视频放松的同时，我也关注高质量的摄影视频，学习电影感的拍摄和配乐，还和摄影博主加了微信，经常交流拍摄技巧"（B2，2021/10/16）。除了信息交流外，大学生博主们还会在网络空间与同行之间寻求情感共鸣。"我会以私信的方式与同行认识，有些也不一定是学生，也有社会人士。我会和同行吐槽那些来咨询一些根本不着边问题的人，寻求共鸣"（A11，2022/7/12）。

借助短视频平台的传播机制，学子们拍摄的视频作品能够在网络空间中获得更多的注意力资源，建立与众多用户之间观看与被观看的关系网络。有人在短视频里分享了朋友刚刚开业的烧烤店，"我就去她店里拍了一条，结果突然爆火，当时就有两三万的点赞量，把我惊到了，因为那条视频的契机就慢慢坚持下来了"（A1，2021/10/2）；有人记录了学校免费送大西瓜的趣事，"有20斤，说拍个视频吧，就随便发的，没想到一夜爆火，当时觉得真的很吓人，上万人过来给我评论点赞，之后才想继续拍"（A4，2021/12/2）。

拥有一定粉丝规模的大学生博主还会在网络空间中获得商家或机构的关注，构建多元行动主体之间的利益关系网络。"商家和机构一般都是在发布的平台上私信，我会把邮箱放上面，商家会发邮件给我"（A9，2022/7/25）。"我会在微信通告群接一些单子，再就是发微博的时候有商家过来私信我"（A10，2022/8/5）。"粉丝量的话，基本上你达到几千就可以去接广告了。一开始会有商家来找你，然后会有中介平台问你要不要加入他们的机构，如果你愿意加入中介平台机构的话，他们也会给你招商，这样自己会省心很多，但他们会抽成"（A14，2021/12/20）。

二、社会信任

福山提出，信任是在一个社团中，成员对彼此常态、诚实、合作行为的期待，基础是社团成员共同拥有的规范以及个体隶属于那个社团的角色。[①] 唐·科恩（Don Cohen）和劳

[①] 弗朗西斯·福山. 信任——社会道德与繁荣的创造［M］. 李婉蓉，译. 内蒙古：远方出版社，1998：34.

伦斯·普鲁萨克（Laurence Prusak）认为，信任是社会资本的基础。[①] 在"象牙塔"博主们的短视频生产实践中主要有关系型和普遍型两种形式的社会信任。

1. 关系型信任

学子们在"象牙塔"里的社会关系囿于封闭狭小的地缘范围之内，社会关系呈现一种差序格局结构，即"以'己'为中心，像石子一般投入水中，和别人所联系成的社会关系，不像团体中的分子一般立在一个平面上，而是像水的波纹一般，一圈圈推出去，愈推愈远，也愈推愈薄"。[②] 在远离亲人，外出求学的"象牙塔"里，学子们通过"拟亲化"过程把与自己亲密熟悉的同学、室友、老师纳入信任关系。

基于关系型信任，有许多同学愿意加入大学生博主们的团队，一起参与生产制作。"刚读研究生，除了我室友，还有其他一些研究生的同学，大家其实对我这个很感兴趣，都和我讲'你们什么时候去拍，带上我一起去玩啊'。然后我就邀请了很多同学和我一起去"（A1，2021/10/2）。大学生博主们还可以通过中介联络员同学、朋友认识到同行博主或者商家机构。"有时候是学校里面认识的共同好朋友会推荐同行博主，互相介绍，再就是参加学校的各种活动可能会碰到一些同行，问能不能一起拍摄合作"（A9，2022/7/25）。"通过中

---

① 唐·科恩，劳伦斯·普鲁萨克. 社会资本：造就优秀公司的重要元素［M］. 孙健敏，黄小勇，姜嬿，译. 北京：商务印书馆，2006：37-38.
② 费孝通. 乡土中国［M］. 上海：生活·读书·新知三联书店，1985：23-25.

间人，有时候就是朋友的朋友介绍的，然后我会加入一些微信群接通告"（A10，2022/8/5）。

2. 普遍型信任

随着"象牙塔"里博主们的关系网络从封闭转向开放，社会信任也由关系型转向普遍型。不同于基于熟人关系而形成的高关系性和高情感性特殊信任，基于网络短视频实践而形成的社会信任更具理性化和普遍化倾向。在当下不确定的社会面临公共信任风险持续上升之时，在网络平台的短视频实践成为他们获取更广阔范围的普遍信任的重要媒介。

在参与式观察过程中，较为明显的普遍型信任来源于同校中众多陌生同学。由于博主们原创短视频的爆火，加之短视频平台自带的定位功能，使得校园中同样使用短视频 APP 并处于同一地理位置的同学都有机会浏览到他们的视频，从而为博主们带来校内的知名度，被校内同学所了解和熟悉，进而获得他们的普遍型信任。在校内取景拍摄，有时需要借用学生宿舍，当得知博主们需要借用自己的宿舍拍摄时，同学们立即就会同意，并走出宿舍，让博主及工作人员进入拍摄。面对如此爽快的回应，博主则会开玩笑。"你们就这么直接同意我们进去拍，就不怕我们偷东西吗"（A5，2021/12/7）？除了获得校园内众多同学的普遍信任，得到认可，减少沟通成本，便利校内取景拍摄之外，在进入社会求职时，相较于普通学生，博主的公开身份更具备获得陌生人普遍信任的优势，节约人员考核成本。访谈对象 B3 表示，自己目前所从事的这份工作在很大程度上就是由于博主身份给他带来的，这份工作的主要接触对象是年轻人，在短视频平台中拥有一定流量的博主，可以借助自身的力量对工作内容起到一定的宣传作用，他也表示在自己工作的过程中，常常会有人认出他来，喊出他的网名。

三、社会规范

埃莉诺·奥斯特罗姆（Elinor Ostrom）指出，规范是社会资本的必要成分，"它界定了活动是怎样随着时间推移而重复进行的，承诺是如何监督的，以及违规行为是如何制裁的"。[①] 社会规范不仅能够保障鼓励某些行为的发生，还能够约束限制社会成员的言谈举止。"规范是人们参与社会生活的行为准则和人类的社会生活模式，主要包括道德性规范（如舆论、习俗、道德）、契约性规范（如组织规则）和行政性规范（如法律）等正式和非正式形式"。[②]

1. 道德性规范

道德规范是对人们的道德行为和道德关系的普遍规律的反映和概括，是社会规范的一种形式，是从一定社会或阶级利益出发，用以调整人与人之间利益关系的行为准则，也是

---

① 奥斯特罗姆·埃莉诺. 走出囚徒困境——社会资本与制度分析 [M]. 曹荣湘, 选编. 上海: 上海三联书店, 2003: 27-28.
② 赵雪雁. 社会资本测量研究综述 [J]. 中国人口·资源与环境, 2012 (7).

判断、评价人们行为善恶的标准。道德性规范在人们社会生活的实践中逐步形成，是社会发展的客观要求和人们的主观认识相统一的产物。[①]

在短视频内容上，"象牙塔"的博主们多以校园生活、高颜值少年感、探店等为主题，以青春、幽默为主导风格，尽量避免负面舆情。"因为我的账号定位就是校园生活博主，自己本身也是在校生，所以多少会从学校的角度去考虑一下，有关学校的负面内容都不会去触碰。一方面，我认为还是正能量、小美好之类的内容更有受众；另一方面，一味追逐流量去激化学生情绪也会与学校之间产生矛盾，我觉得是不太妥当的"（B7，2022/8/27）。

在与用户的关系维护上，"象牙塔"的博主们虽然面临学业和商业的双重压力，但是依然会和用户之间保持真诚、礼貌的人际互动。比如受访者 A11，一方面会在平台上面售卖自己整理的考研笔记；另一方面也会耐心地与自己的学弟学妹交流，免费解答问题。"因为之前在学校有被邀请做考研宣讲，所以当时想着要卖笔记就直接把微信放进 PPT 里面了，加了很多学弟学妹的好友，他们有一些遇到学习上的问题或者生活的困惑，我都会比较耐心地开导，有种亦师亦友的感觉吧。都是自己的学弟学妹，也不会明码标价地收费"（A11，2022/7/12）。

"象牙塔"的博主们在和商业机构的合作过程中，并没有

[①] 朱贻庭. 伦理学大辞典［M］. 上海：上海辞书出版社，2010.

一味地追逐利益，而是会以产品或者服务的质量为重。"和商家合作肯定是想着赚钱，但是有些商家推广的产品用得不舒服还是不会发，其实发布的产品里面有些不好用的地方可以说一点，稍微客观一点，并不是一味地吹捧吧"（A10，2022/8/5）。"因为我是做考研学习类的视频，所以还是不能昧着良心赚钱，尽量都说得比较中肯。如果有些考研机构来找我的话，我是不会在不了解他们教学质量的情况下去推广宣传的，还是比较有责任心的"（A11，2022/7/12）。

2. 契约性规范

在传统的契约法中认为，契约就是一个或一组承诺，法律对于契约的不履行给予救济，或者在一定意义上承认契约的履行为一种义务。[①]而威廉·哈迪·麦克尼尔（William Hardy McNeill）认为这个定义不是事实上的，而是法律上的关于契约的定义。他从社会学的视角强调契约具有社会属性，应置于一定的社会情境和关系下考察，"所谓契约，不过是有关规划将来的交换过程的当事人之间的各种关系"。进入这种交换的因素也不仅只是合意，而是包括命令、身份、社会功能、血缘关系、官僚体系、宗教义务、习惯等多种因素。[②]因此，仅从"具备法律给予救济或是被法律承认为义务"来定义契约是不全面的，契约性规范应深入至交换得以发生的各

---

① 麦克尼尔. 新社会契约论 [M]. 雷喜宁，潘勤，译. 北京：中国政法大学出版社，2004：5.
② 麦克尼尔. 新社会契约论 [M]. 雷喜宁，潘勤，译. 北京：中国政法大学出版社，2004：4.

种社会关系之中。

在短视频生产中，一些非正式的规则成为调节"象牙塔"博主们的"外显力量"①，影响和制约着场域中的互动。"在抖音平台上，有一个至尊法则就是'垂直'，简单来讲就是视频风格固化。这样的好处就是抖音的算法机制能够将你的视频推送得更精准，就能获得更好的反馈，也就更容易出爆款。但是，这样也有一个弊端，在今年年初，抖音算法进行了更新，更新后的算法将'粉丝反馈'在是否推流中的比重大大增加。简单来说，你的视频发布后，会先推荐给你的粉丝，你的粉丝反馈（完播率、点赞率、互动率）越好，就会给推更大的流量。视频风格固化的话，粉丝就会产生审美疲劳，数据反馈就会差，那么就不会推流，不推流就不会吸引到新粉丝，因此陷入恶性循环。所以现在大部分博主的打法都是一边持续发固定风格的视频，一边尝试新风格的视频，两条腿走路"（B7，2022/8/27）。在访谈中有多位受访者都提及了视频风格固化与多元化兼具的问题，平台的这一推送规则已经逐渐被大学生博主们认知，并在实际的生产实践中内化为固定"玩法"。

除此之外，学子们在长期的短视频实践中可以基于"算法想象"推测出系统的内在逻辑与规范，形成"民间理论"②，运用个人参与理论、全球热度理论、新闻形式理论、

① 黄少华，杨岚，梁梅明. 网络游戏中的角色扮演与人际互动——以《魔兽世界》为例 [J]. 兰州大学学报（社会科学版），2015（2）.

② Bucher, T. The algorithmic imaginary: exploring the ordinary affects of Facebook algorithms [J]. Information, Communication & Society, 2017, 20（1）: 30 – 44.

志趣相投理论、设置控制理论、发文产量理论、原创内容理论、上帝之眼理论、新朋友理论、随机理论等获得更高的传播可见度。比如,展现少年感、高颜值成为学子博主们的主要原创主题。尽管在校园规范中我们应理性且全面地看待每个人,尽量避免以貌取人,但是在以消费文化和奇观文化统合的短视频场域中,"颜值即正义""靠脸吃饭"这类网络用语盛行,不可否认高颜值往往更能吸引人,获得更多流量。大学生正是青春洋溢、风华正茂的代名词,充满生命活力,他们极具少年感的外表对于受众来说,有着天然的亲近感,自我呈现往往就是短视频的内容。"我就发发照片,还有自己平常拍的视频","现阶段很多关注我的粉丝,其实都只是因为少年感"(B6,2021/11/20)。与此同时,短视频为他们展现"颜值"提供了可观赏的平台,在短视频 APP 上,"粉丝关注我,我觉得可能单纯地因为哪张照片,因为外表"(B4,2021/10/27)。这种"一见钟情"式的连接,直接吸引观看者的眼球,使其获得感官、心灵上的满足,颜值博主们也凭借外形上的吸引力获得流量和关注。

在短视频场域中,"象牙塔"里的博主们也不得不遵循资本操控下的社会规范。受疫情影响,之前从事旅拍的受访者 B1,今年转型成了探店达人中的一员。"原来就是旅游、生活、广告,当时真的是靠思想吃饭、靠创意吃饭,现在探店简单多了,而且比较零碎"(B1,2021/10/10)。由于自身具备专业的拍摄剪辑技能,转行探店的 B1 很快就适应了新的视频形式,也形成了固定的创作流程。"简单来说就是有个店当天就去拍，拍完写文案、配音，剪辑之后给客户审稿，通过后发布就行。稍微严谨一点的客户会提前给我资料，要我出个初步脚本"。固定的创作流程虽然提升了拍摄效率，但是学子们在如此饱和的拍摄量重负下，常常以牺牲内容创意和质量为代价。比如，在参与式观察中，研究者跟着 B1 参与拍摄的第二天，他们约了中午 12 时在当天拍摄的第一家餐厅汇合，到店之后 B1 有条不紊地与店家沟通，顺利开始拍摄，下午 1：30 时左右完成第一家的拍摄后，他们又匆匆赶往第二家需要拍摄的售楼部，全程两个小时的拍摄结束，已经下午 4：30 时了，期间我们只在赶路的出租车上休息了一会。当我结束了这一天的参与式观察时，B1 晚上却还要继续去第三家甜品店拍摄，也只是为了能高效完成工作任务，能有几天完整的时间在家剪辑、休息，激烈的行业竞争也让他感受到了无奈。"原来是创作自己喜欢的东西，现在就不行了，现在是谁给钱谁说了算"（B1，2021/10/10）。

图 2　探店拍摄现场（拍摄于 2021/10/10）

图3 结束工作，带着蛋糕回家补拍镜头（拍摄于 2021/10/12）

3. 行政性规范

所谓行政性规范是指必须依照法律适用、不能以个人意志予以变更和排除适用的规范。"象牙塔"的博主们主要面临来自校园和平台两方面的行政性规范。

从校园层面上来讲，学生应遵循《大学生管理规定》《高等学校学生行为准则》等规范，维护学校的教学秩序和生活秩序，按照课程的学习和考试要求，完成平时作业、期末考试、实习论文等考核项目，取得学分，完成学业，等等。"'象牙塔'的博主们一方面要投入大量的时间和精力创作生产短视频；另一方面又必须完成最低的学时和学分要求，否则就要面临休学，甚至退学的风险。我们学校规定，一学期的请假时间累计不能超过45天，否则将会被休学。而抱着侥幸心理不请假，只要连续两周不参加课程学习，一旦被发现，将会给予退学处理。还有就是如果没有达到最低毕业学分，还是不能毕业。这些规定让我不敢贸然签约 MCN 机构，也不敢接太多的商业推广，毕竟我还是想顺利研究生毕业，不想顾此失彼"（A8，2021/12/17）。在访谈中，我们发现大学生博主们虽然可以凭借在短视频场域中获得的良好成绩赢得普遍型信任，但是也成为身边同学们的重点监督对象。一些同学们认为博主们因生产创作短视频而怠慢荒废学业，却也能够获得学分，顺利毕业，是对他们的不公平。拥有超过 600 万粉丝的"象牙塔"博主 A5，在学校的行政性规范和同学们的严格监督之下，被学校给予"留校察看"处分并休学一年。

为了保障短视频平台的顺利运营，相关协会组织会出台审核标准、管理规范等，比如 2021 年 12 月 15 日，中国网络视听节目服务协会发布被称为"最严新规"的《网络短视频内容审核标准细则》。短视频平台也会依据自身实际情况制定《抖音直播平台管理规定》《快手直播管理规范》等，避免因平台内容违规而被密集点名约谈。"象牙塔"的博主们一旦在平台上发布短视频就有责任和义务遵守相关协会组织和平台的管理规范，否则将会面临视频封禁、责令整改的后果。"我们这类账号有一种视频风格叫'车拍'，就是坐在行驶的车里拍摄车窗外的车流、楼宇等。发布这类内容视频的时候，就需要在视频上标注'摄影师在副驾驶位拥有安全防护下拍摄，请勿模仿'的内容，否则就会引发安全提示，严重点可能还会封禁账号。还有就是我之前有一条电动车的视频，因为根据交规，骑电动车是要戴头盔的，但是视频画面里的都没戴，我就在左上角加了字幕'大学校园内安全道路拍摄，校外公共道路请遵守交规'的提示，但发布后还是被判定为危险行为，直接封禁，不过后来通过申诉又恢复了正常"（B7，2022/8/27）。

在访谈中有些博主表示，短视频平台的内容审核不断升级，不仅会封禁包含有敏感词汇、违法违规的内容，而且依据"最严新规"《网络短视频内容审核标准细则》中规定的条款，"未经授权自行剪切、改编电影、电视剧、网络影视剧等各类视听节目及片段"的短视频内容也不能通过内容审核。这一规定对以剪辑、电影解说、鬼畜等为核心内容的视频账号而言无疑具有毁灭性打击。这些行政性规范虽然看上去有些严酷，但是却能够有效遏制内容低俗、盗版侵权、舆论恶化等一系列问题，有利于优化短视频平台的生态环境，保障短视频平台的可持续发展。

第三章 "象牙塔"博主们在短视频生产实践中的社会资本积累

在互联网使用对社会资本的影响研究中，有一些学者认为互联网的高频率使用会伴随着更多的线下人际接触、组织参与和社区投入，从而增加社会资本积累[1]；另一些学者则持截然相反的观点，指出互联网的使用虽然能够促进全球互动，但是本质上却不如面对面互动，甚至电话互动，长时间的线上活动会导致对家人、朋友、邻居线下互动的忽视[2]，从而减少社会资本积累。还有一些学者不再将互联网技术视为形塑社会生活的核心要素，强调线上互动只是对面对面互动、电话互动的一种补充，让有着共同利益的人和组织可以跨时空组织联系起来。[3] 我国学者张苏秋、王夏歌（2021）提出，媒

---

① Wellman, B. The network community: An introduction. In B. Wellman（Ed.）, Networks in the global village [J]. Boulder, CO: Westview Press, 1999: 1 – 48.

② Nie, N. H. Sociability, interpersonal relations, and the Internet: Reconciling conflicting findings [J]. American Behavioral Scientist, 2001, 45（3）: 419 – 435.

③ Wellman, B., Haase A. Q., Witte J., et al. Does the Internet Increase, Decrease, or Supplement Social Capital? Social Networks, Participation, and Community Commitment [J]. American Behavioral Scientist, 2001, 45（3）: 436 – 455.

介使用对社会资本积累的作用逻辑是降低信息或知识在人际关系网络间的交换成本,诸如信任、社会联系和社会认同等。[1]

互动是"象牙塔"的博主们积累社会资本的重要途径,在博主与博主之间、博主与用户粉丝之间、博主与商业平台之间的互动中增进信任、联系和认同。从系统的视角看,"象牙塔"博主们在短视频生产中的社会资本积累就是让系统内的各要素通过紧密行为和有序互动联系起来,这种联系行为不仅存在个体优化指向,还更存在整体优化指向,其目的是通过社会关系的紧密网络化联结,实现短视频场域内各行动者和整体组织的效率优化。布尔迪厄认为,社会资本的积累和利用依赖于行动者可有效动员的关系网络的规模,依赖于与行动者有关系的个人或组织拥有的经济、文化以及声誉、影响力等资本的数量和质量。[2] 在短视频场域中,"象牙塔"的博主们能够在限制程度更低、网络规模更大、网络关系更加松散的空间中实现社会资本的积累。

一、博主与博主之间的互动

博主之间的互动常常隐蔽在后台,通过访谈发现,大部分"象牙塔"的博主们还是将短视频生产作为学习之余的

---

① 张苏秋,王夏歌. 媒介使用与社会资本积累:基于媒介效果视角 [J]. 国际新闻界,2021 (10).

② Bergemann, D. & Hege, U. Venture Capital Financing, Moral Hazard, and Learning [J]. Journal of Banking and Finance, 1998, 22 (6–8):703–735.

"调剂品"，在自身遇到创作难题，或是看到更加优秀的视频作品时，都会主动向专业博主求教，不断丰富信息资源、提升制作技巧。受访者 A9 是一位舞蹈才艺博主，在短视频平台上可以认识更多的优秀舞蹈博主，欣赏更多制作精美的舞蹈视频。"我平时喜欢把跳舞的视频分享到小红书上，当我看到有些舞蹈博主可以把视频拍得很好看，镜头运用和切换技巧用得很好的时候，我就会在后台私信联系他们。当他们了解到我也是做舞蹈视频的时候，通常都会回应我。我们会一起交流拍舞蹈视频的心得体会，把一些有用的技巧分享出来。看到我拍得还不错的视频，他们也会给我点赞"（A9，2022/7/25）。在建立关系网络，获得社会信任之后，博主们之间的交流、合作、互推也成为常态。"我会和同行博主之间有业务交流和合作，比如把我接不了的商务单推给她们，或者和比较欣赏的同行之间互推，实现流量的共享与交换"（A11，2022/7/12）。

除了在短视频场域中的互动之外，"象牙塔"博主们还会通过线下互动拉近彼此距离，建立亲密关系网络，获得情感支持。"有些学校里的同行博主在认识之后走得比较近，我们会一起拍视频，一起跳舞，平时也会经常聊天，关系挺好的"（A9，2022/7/25）。"如果是聊得来的同行博主，我们之间反倒是商业上的交流不多，合作的话顶多一起拍一个 Vlog，更多的是私下约饭之类，一起聊天八卦"（A12，2022/9/5）。

二、博主与用户粉丝之间的互动

2015 年，微软研究院首席研究员南希·K. 贝姆（Nancy K. Baym）提出"关系劳动"（relational labor）这一概念，指的是随着时间的推移与观众进行常规、持续地交流，以孵化有偿工作的社会关系。[①] 贝姆认为关系劳动至少在四个方面区别或扩展情感劳动：其一，关系的内涵显然要比感受的表演和创造更为宽泛，包含着为了提升对于另一方的认知、理解而做出的努力；其二，情感劳动往往是在一对一的关系中发生，但关系劳动却往往是一对多的；其三，相比于情感劳动，关系劳动更加强调工作者面对不同社会连接时如何持续协商彼此间的"动态边界"；其四，关系劳动的从业者无须遵守组织严格的条例和规范，也缺少相应的职业化培训。[②] 贝姆对于关系劳动的界定为我们理解博主与用户粉丝之间的互动提供了一种新视角。博主与用户粉丝之间的互动不仅仅是通过生产创作短视频满足用户粉丝的信息需求和情感需求，更是在短视频场域内外获得和维系与用户粉丝的关系。

受访者 A13 是一位美妆博主，她会从用户粉丝的角度创作视频内容和选择发布时间，积极与用户粉丝建立和维系"亲密关系"。"我会花很多钱去做前期投入，比如做医美、买仪器和化妆品，通过自身的测评来告诉大家哪些美妆产品值

① Nancy K. Baym. Connect With Your Audience! The Relational Labor of Connection [J]. The communication review, 2015, 18（1）：14 - 22.

② 董晨宇，叶蓁. 做主播：一项关系劳动的数码民族志 [J]. 国际新闻界，2021（12）.

得入手、有哪些优缺点、性价比怎么样，以解决消费者产品选购的痛点为内容导向。我还会极度注意自己的视频发布时间，要提前写好文案、脚本，发布时间要在周一到周五的中午 11 时或者下午 6 时，因为这是爱美女孩吃饭和通勤的时间，刷手机的概率非常高"（A13，2022/10/22）。而"亲密关系"的积累，对受访者 A13 而言，更多的是为了追逐经济利益。"我为自己设定了'真诚爱分享，不忽悠人'的人设，其目的还是为了实现商业利益最大化。大家只有相信你，才能买单消费，我卖得越多，品牌商家给我的提成就越多"（A13，2022/10/22）。

在访谈中，我们发现并不是所有"象牙塔"的博主们都追求亲密关系的商品化，特别是对于那些因为兴趣爱好、社交分享而进行短视频生产实践的博主而言，他们更担心"商业化"对原本实践目的的挤压。多个访谈者都提到"那种带着明显的目的性接近我的一律不加"（A9，2022/7/25）；"还是不能昧着良心赚钱"（A11，2022/7/12）；"我不会一味追求经济利益，还是有点在乎周围人的眼光吧"（A12，2022/9/5）。

在参与式观察中，我们还发现博主们与用户粉丝之间的互动有着显著的边界区分。在短视频平台上，博主们在视频内容、发布时间、定位人设等方面迎合用户粉丝的需求，并积极通过前台互评、后台回复私信等方式参与关系劳动。而在短视频场域之外，"象牙塔"的博主们往往会被同学好友要求"加微信"。对于用户粉丝而言，"这不仅仅因为微信相比抖音具有更近的关系距离，也因为观众期待在朋友圈中获取主播日常生活更多的信息，更因为观众期待与主播进行更多直播间外一对一的交流。"① 而对于"象牙塔"的博主们而言，他们却无一例外在现实社交关系中选择了"低强度关系劳动"。比如受访者提到"其实学校里面认出我的人还挺多的，一般都会和我加微信啥的，还有在学校里面的微信工作群看见我名字，也会主动来加我，但是通过这种渠道认识的，其实聊天挺少的，大部分不会深交"（A9，2022/7/25）；"有时候会在食堂被认出来要微信，但是后面加微信也没怎么说话"（B6，2021/11/20）。这也印证了前人研究，因为"观众对自己的了解要远远多于自己对观众的了解"②，博主与用户粉丝之间存在不对等的"可见性"，真实的亲密关系在发展过程中便会徒增许多困扰。③

三、博主与商业平台之间的互动

在短视频生产的社会网络中，"象牙塔"里的博主们、商家、平台、MCN机构等个人与组织以寻求与谋取共同利益为基本驱动，在交往与互动中形成资源互通、利益共生，实现社会资本的积累。

在访谈中，研究发现博主们会和商家资源互动、各取所

---

① 董晨宇，叶蓁. 做主播：一项关系劳动的数码民族志 [J]. 国际新闻界，2021（12）.
② 董晨宇，叶蓁. 做主播：一项关系劳动的数码民族志 [J]. 国际新闻界，2021（12）.
③ Brighenti, A. Visibility：A category for the social sciences [J]. Current sociology, 2007, 55 (3)：323–342.

需。比如，探索好吃好玩的新奇店铺成为"象牙塔"博主们的主要创作内容主题之一。探店短视频是指博主与商家双方达成合作意愿，博主针对商家提供的产品或服务创作短视频，进而将短视频作品发布至个人账号，以个人粉丝流量为商家提供曝光和引流，吸引更多受众成为商家的潜在消费者，并从中收取商家的广告营销费用的一种短视频形式。大学生创作探店短视频的动因，往往是源于自身的兴趣和分享欲。"在还没有做探店短视频之前，我在朋友圈就小有名气，身边很多朋友知道我爱到处吃，到处玩，很多人出去约会选餐厅都会来问我，让我推荐好吃的餐厅，后来就通过短视频的方式推荐给大家"（A1，2021/10/2）。在博主 A1 的短视频中，会推荐高级餐厅，也会介绍街头巷尾里的各种小吃摊、苍蝇馆子，吃的时候她不仅要解说，还要把美食拍得格外诱人，各种角度、运镜方法都会用到，有时不仅拍美食吃的过程，还要拍下做的过程，再配上幽默又风趣的解说。除此之外，还源于用户的需求。"如今要知道哪里有好吃的餐厅、好玩的场所、有趣的地方，大家的第一反应是打开社交媒体 APP 搜索达人博主推荐"（A7，2022/1/9）。巨大的市场需求虽然能够使博主们拍摄的探店短视频更易获得流量，但是也让探店行业迅速卷入大量竞争者。"今年（2021 年）单说武汉，突然出现了上百个像我们这种号。有的账号为了积累素材，甚至不收商家的钱就去拍，他们收的是提成，就是卖多少给你多少提成"（A1，2021/10/2）。在激烈的竞争下，探店短视频并不局限于美食，其内容辐射至吃、穿、

住、行等与个人生活息息相关的广泛领域，A1 也开始拓展
自己的探店内容。"会做旅游，我还有个小红书，也会接
时尚版块的东西，反正就是能做的都在做吧"（A1，
2021/10/2）。

短视频平台为应对日益激烈的竞争环境，增强用户黏性，
也纷纷推出各种扶持计划，以激励创作者优质量、高产量从
事内容创作。比如 2019 年抖音推出"Vlog 扶持计划"，支持
用户进行原创创作，并选拔优秀创作者给予流量扶持和认证
等奖励；快手推出的"美食家计划"聚焦美食领域的优质创
作者和内容予以扶持，全年提供总价值 10 亿元的流量，使美
食成为平台涨粉最快的领域之一。① 短视频平台除了出台各种
直接扶持创作者计划之外，还大力助推 MCN 机构的发展，并
根据推荐算法给予流量倾斜与关照。MCN（Multi-Channel Net-
work）为多频道网络，是一种新兴的网红经济运作模式，链
接平台和创作者。尼尔·戴维森（Neil Davidson）认为 MCN
是一个互联网平台及制作方双赢的模式，MCN 帮助内容方进
行内容营销，达到最终的商业价值，其主要的商业模式为广
告。在短视频场域已经积累一定粉丝数量的博主们会进入
MCN 机构的视线，签约之后的博主们不仅能够借助 MCN 机构
专业化的运营能力，获得更多的流量和资金支持，接触到更
多更优的广告资源，享受更大的商业变现空间，还能够实现
内部资源的共享。一个 MCN 机构通常聚合众多内容创作者，

---

① 中国新闻网. 快手推出"美食家计划"提供价值超 10 亿元流量扶持［EB/OL］．［2019 -
09 - 24］．https：//www. chinanews. cn/business/2019/09 - 24/8964077. shtml.

机构内部的硬件设备资源、IP 资源、广告主资源、电商平台资源等都是共享的，内容创作者之间的交流、合作、互推也已经成为 MCN 机构的常规做法。

第四章 "象牙塔"博主们在短视频生产实践中的社会资本转化

布尔迪厄将资本划分为经济资本、文化资本、社会资本三种类型,[①] 并指出:"绝大多数的物质类型的资本(从严格意义上说是经济的资本类型),都可以表现出文化资本或社会资本的非物质形式;同样,非物质形式的资本(如文化资本和社会资本)也可以表现出物质资本"。[②] 资本在行动者的互动中完成转化,同时,转化又促进了互动的继续推进。[③] "象牙塔"博主们在短视频的生产互动中实现资本之间的相互转化,在资本的转化中各种各样的关系得以产生、维系和变化,又保障短视频生产互动的持续进行。

---

① 皮埃尔·布迪厄,华康德. 实践与反思——反思社会学导引 [M]. 李猛,李康,译. 北京:中央编译出版社,1998:161.
② 布尔迪厄. 文化资本与社会炼金术:布尔迪厄访谈录 [M]. 包亚明,译. 上海:上海人民出版社,1997:190-191.
③ 姜波. 游戏玩家社会资本的形式、积累与转化——以 MMORPG 为例 [D]. 杭州:浙江大学,2017:145.

一、以文化资本为核心的资本转化

文化资本是作为大学生的短视频博主区别于其他类型短视频博主的最大特征。布尔迪厄提出文化资本的三种形式：一是身体化形态的文化资本，即以精神和身体的持久"性情"形式存在的资本；二是客观化形态的文化资本，即以文化物品形式存在的资本；三是制度化形态的文化资本，即以一种必须加以区别对待的客观形式存在，能够赋予并保护文化资本原始性财富外衣的资本。[1] 鉴于此，本研究将身体化形态的文化资本具体化为"象牙塔"里的博主们所具备的关于短视频生产的知识、技能与素养，他们所拥有的客观化形态的文化资本就是指短视频作品，制度化形态的文化资本主要是指教育学术方面的学位证书、资格认定证书、荣誉证书等，在短视频平台上获得的粉丝数量、等级等也成为"象牙塔"里博主们的制度化文化资本。

1. 利用文化资本建立社会信任

信任是社会资本的重要组成部分，也是社会资本产生和积累的前提条件。"象牙塔"里的博主们生产短视频的初衷多为兴趣爱好，思想单纯，特别是那些来自名校、专业成绩优秀的博主们，他们可以凭借稀缺的制度化文化资本快速获得

---

[1] Bourdieu, P. The forms of capital. In J. Richardson（Ed.）Handbook of Theory and Research for the Sociology of Education [M]. New York：Greenwood, 1986：241-258.

用户信任。"我考研成功后，就把自己的一些学习心得和资料笔记进行整理，并发布相关的经验贴，有很多同学私信我，特别是本校的同学，还找到我面聊。学院老师们对我的视频内容评价颇高，邀请我去参加全院演讲，希望我把学习经验分享给大家，我感到很荣幸"（B5，2022/6/3）。"我是新疆人，在外貌上算是比较有特色且长得帅吧，再就是武汉大学的标签也比较突出，可以获得大家更多的关注、信任和尊重"（B6，2021/11/20）。

2. 运用文化资本强化关系网络

"象牙塔"里的博主们具有较高的文化水平和媒介素养，身体化形态的文化资本能够让他们快速掌握短视频平台聚集流量、强化网络的方法。大学生群体对于热点事件极其敏感，也在实践中熟谙短视频领域的潜在规则，即"蹭热点，火得快"。具体是指，热点事件自带流量属性，想让作品快速传播，被更多人看见，最快捷的方法就是追热点、蹭热度，追求短视频内容及形式的时效性。根据热点来策划制作内容是一种"性价比"较高的方式，只需要找到一个合适的切入点，稍加创新，就能轻易获得较高的关注度，收获良好的传播效果。而在疯狂追随热点的短视频创作潮流中，身为"象牙塔"里的博主们总是能比其他人更迅捷地抓住热点。

抓热点的思维比别人更迅捷一点，你可能心里会有谱，学过专业知识，分析一下，则更有水准。（B3，2021/10/21）

平常老师会讲新闻的要素，什么样的新闻是受欢迎的，你要知道什么是热点事件，你得抓住这个事件的精髓和内核，把它放在前面，其实这和做短视频一样，你得抓住别人的眼球。（A1，2021/10/2）

会懂得更快包装自己，就像我们市场营销学老师说的，可能在大学毕业之后，你出去也是包装你自己成为一个什么样的人，去呈现给面试官。接触到这个东西，你可能很快就知道自己适合什么，或者说受众只喜欢你什么样子。（B4，2021/10/27）

除了具有热点事件敏感性之外，一些"象牙塔"的博主们还能够运用在课堂所学的专业知识来指导短视频生产实践，强调内容的垂直性，精准迎合用户喜好，增强用户黏性。特别是新闻学子在短视频的生产实践过程中，相关理论的学习能够使他们"对于传播生态更加了解"（B2，2021/10/16）；"会把理论知识套在实践中，比如说你发布的内容会有很多不一样的 title 在上面，其实你也不知道别人喜欢什么，但连续发布了两条就会发现其实受众有侧重的喜好"（B4，2021/10/27）。在初期实践尝试中，学子们了解到特定用户的喜好倾向之后，便对自身的创作方向精准定位，选择自己擅长的垂直性内容作为固定的创作重点。"之前停滞了一段时间，因为找不到一个固定的方向，觉得往下拍没有太大的意义，后来拍出了一条效果还不错的，就沿着这种风格继续拍了，其实短视频一下就垂直了"（B3，2021/10/21）。"我之前出去拍会随性些，后来真正开始做自媒体的时候，拍摄目标会明确一点，比如说今天我在哪个平台上看到其他摄影大神发了一个视角，我没有拍过，很罕见，同时也很吸引人，我就会去拍这个视角"（B2，2021/10/16）。

在迎合用户喜好的基础之上，学子博主们也可以通过主动制造拟态环境，以达到借助自身流量制造热门话题，换取更大流量的目的。"制造拟态环境，你所看到的流量密码并不是因为流行这个，而是因为你创造出了这个东西。随便举个例子，假如说现在流行小个子趋势，并不是因为现在真的流行小个子趋势，而是因为你们自己创造出的小个子趋势"（A4，2021/12/2）。

为了增强个人短视频作品的识别度，提升粉丝黏性，增加视频转化率，以获得更好的传播效果，学子们也会在内容创作中精心设计具有个人特色的记忆点，即能被受众无障碍感知，引发受众期待，也能形成固定规律的短视频元素。记忆点并非强制性地使用户产生记忆，而是一种出于对短视频内容及博主的喜爱，条件反射式的记忆。同时，短视频记忆点的设计必须具备一定的"网感"，与当前网络文化相适应，能够引起用户的情感共鸣，并进行广泛传播。在打造记忆点这一目标的驱动下，"象牙塔"的博主们努力在短视频内容呈现上下功夫。"学了理论之后我才知道视觉暂留原理、吸引力法则这些东西，我才知道人的心理得到极大的满足是很重要的一点，特别是在前十秒钟得到极大满足很重要，而抖音就抓住了这一点，这就是最重要的流量密码"（A4，2021/12/2）。大学生博主们在打造短视频记忆点的具体实践中，主要包括视觉、听觉及行为记忆点三个方面。

一是对比强烈的视觉记忆点，集中体现在短视频封面制作上。当用户点击进入博主的主页后，依次排开的作品封面直观呈现在眼前，一个具有记忆点的封面，可以吸引用户驻足点击观看，同时也能够提升用户对于账号的整体印象。学子博主在封面制作中打造记忆点，较为有代表性的便是对比强烈的配色加上粗体标题，在色彩上吸引受众注意力的同时，用粗体文字准确、简洁呈现视频标题，这种封面制作方式使每一个作品可以形成一个固定、统一的风格，便于受众记忆与查找，潜移默化中增加受众对账号的印象，更有助于博主持续性创作一系列作品。

二是与众不同的听觉记忆点，主要体现为短视频中博主固定嵌入、独特出众的台词。利用短视频的台词为自己设计记忆点，便于用户产生记忆，形成独特的人物风格。例如博主 A5 作品中的经典台词"你们这样就是学校的'不正之风'"，便出现在相当一部分作品当中，瞬间抓住用户的"耳朵"，同时这句台词也成为博主 A5 的自带标签，突出了她"象牙塔"博主的人物定位，用户一听到这些台词瞬间就能联想到说出这句话的博主是谁。

三是令人印象深刻的行为记忆点，表现在短视频中不断反转套路的人物行为，当用户观看短视频时，沉浸在既定剧情中，同时又对剧情进展带有猜想，令人意想不到的剧情反转便会使观众受到震撼，对内容产生更深刻的记忆，进而点赞、转发、评论。"比如说博主 A5 营造了一个四级不过的大学生形象，她的故事反差很大，每一个都有反转，在视频里会干很多夸张的事情制造笑点，因为她的人设就是这样，你在她身上看着就很习惯，很契合她的人设"（A4，2021/12/2）。在剧情中加入反转的行为记忆点，使剧情更紧凑，充满多种可能性，给观众一种耳目一新、豁然开朗的感受，进而提高视频的完播率。

3. 挖掘文化资本实现经济价值

文化资本的获取需要时间投入和历史积累，布尔迪厄认为这种资本无法通过礼物或馈赠，购买或交换来即时性传递。① 如果单纯从经济学角度来看，这种劳动很难以直接的经济资本形式表现出来，也很难在短期内为个体换得经济收益，但从社会交换的角度来看，文化资本是一种坚实的投资，这种投资的利润在将来最终会以金钱或其他形式表现出来。② "象牙塔"的博主们经过十年寒窗，具备了在身体化形态、客观化形态、制度化形态等方面的优势，这些文化资本在一定

① 布尔迪厄. 文化资本与社会炼金术：布尔迪厄访谈录［M］. 包亚明，译. 上海：上海人民出版社，1997：195.

② 布尔迪厄. 文化资本与社会炼金术：布尔迪厄访谈录［M］. 包亚明，译. 上海：上海人民出版社，1997：209.

条件下可以转化为经济资本。

福山在《信任——社会美德与创造经济繁荣》一书中曾明确指出，信任具有巨大的可衡量的经济价值。结合上文对利用文化资本建立社会信任的阐述分析，访谈者 B5 通过自身的刻苦努力考取了名校研究生，在发布考研经验分享短视频的同时，也在后台收到了大量请求单独辅导的私信。他表示"给学弟学妹们点评专业作业也是很辛苦的，我的这些专业知识是花了大量时间甚至金钱才获得的，所以我需要收费，一份笔记 239 元，也会接实务批改，一个批改 15～20 元"（B5，2022/6/3）。

还有一些大学生博主是通过文化资本吸引用户注意力资源，形成大规模的流量集聚后，再转化成为经济资本。根据眼球经济理论，博主发布视频获取一定的流量后，会有商家找到博主协商推广事宜。"一个月基本能接到两三个推广，最多的一次一个月接五个。一般有零食和美妆的产品，可以走星途交易，产品是免费寄给我的。价格的话，一般 400～500 元，也接过探店，大概 200 元。这都是以前粉丝没有上万的时候，现在上万了应该会多一些"（A9，2022/7/25）。

二、基于青春策略的资本转化

在校大学生逐渐成为短视频创作的新生力量，在这里他们观看他人，展示自己，遇到有趣的人，找到线上社区的归属感，找到与自己价值观相近的朋友。短视频已成为大学生的表达工具和生活方式，他们运用自己的青春优势，通过创作贴近校园生活、展示高颜值少年感的短视频内容等方式，建立起与同学、社会有效连接的情感桥梁，也为大学生施展个人才艺和学术成就提供了成长舞台。

1. 以创作校园内容为载体实现资本转化

大学生博主们常常以创作校园内容为载体来实现资本转化。"象牙塔"往往自带吸引力，学子们在这里学习、生活、交流，他们的故事在这里发生，也在这里见证着他人的故事，只要留心观察，时时刻刻都会发现有趣的创作素材。"象牙塔"里博主们的短视频拍摄场景主要依托校园环境。例如，日常生活的宿舍便是他们故事的发源地。"感觉在学校里面选景的话，这个环境能够吸引到一定的粉丝基础，如果在宿舍的话，还挺有辨识度的"（A3，2021/10/25）。"我们就是直接开始更新寝室的搞笑日常"（A2，2021/11/2）。

经过探索实践，敏感的学子们也发现了校园环境能够引起受众的关注，并收获较为可观的流量数据，因此他们便顺势而为，将"大学生校园生活"作为短视频创作的主要方向，大部分拍摄场景设定在校园中。"我刚开始看抖音尝试着拍了一下，效果一般，后来在宿舍里面无意间就拍了一条，结果效果还蛮好的，就开始继续拍"（B3，2021/10/21）。"学生在宿舍这个事儿就是特别容易能有爆点，场景很好。这个身份就自带流量，要利用好这个身份，要利用好在宿舍、教室这个环境"（A4，2021/12/2）。

短视频创作内容分类十分丰富，然而能引人发笑的搞笑类短视频始终独占鳌头，更能获得用户青睐，也更容易成为爆款，是当前短视频用户最喜闻乐见的内容之一。这类短视频的表演呈现方式五花八门，包括搞笑剧情表演、口播笑话、爆笑的真实画面记录等，且搞笑类短视频的表演形式也不限定为个人表演，在短视频里可以多人合作演绎，与朋友或家人共同演出，就连拍摄地点也不受局限。总之，呈现搞笑的形式不拘于一格，只要能够让人开怀一笑，自然会收获一定数量的点赞以及粉丝，并能转化为社会资本和经济资本。由于具备大学生这一特殊的身份，身处的场景便是校园，校园生活的素材更是俯拾皆是。因此，他们在短视频里表演最多的就是校园生活里的搞笑日常，主要表现在以下两个方面。

一是表演校园日常短剧。校园剧情类短视频创作的方法主要有两种，一种是原创剧情内容，"你得先有一个想法，相当于创作灵感，它可能是触到你的一个小细节，根据这个细节去延伸，然后拍一个视频"。另一种是模仿或改编他人创作的短视频，"有时候抖音上刷到了别人拍的，你觉得很有意思，会翻过来再拍一遍，或者再融入点新的元素，就是改编"（A2，2021/11/2）。但这些短视频往往自身的内容和话题已经具有一定热度，通过模仿或改编以达到蹭热度的目的，也是十分常见的。

图4 根据真实校园经历创作短视频截图

目前，大学生们原创短视频的创作灵感主要源自两个方面。一部分内容直接取材于他们亲身经历的校园生活，视频中呈现的就是他们真实的自己（如图4所示）。"我们大部分内容基本上都是平常发生过的，我们觉得很搞笑，就会再演一遍，拍出来，就是寝室的日常生活，没有刻意地去写脚本"（A2，2021/11/2）。"我们没有专门的文案，都是随机发挥，现场想到什么说什么。一开始想做美食的原因，就是因为想

图 5　博主 A6 的短视频合集截图

着反正我们也要吃饭，平时就相当于做一顿饭，既可以拍，
又可以吃，还节约钱，顺手把这个事做了，也很简单"（A6，
2021/12/26）。有趣的是，虽然博主 A6 的定位是美食博主，
作品主要内容为日常生活中的美味分享，但在她的短视频合
集中却是"'米奇'奇遇记"和"牛牛的趣味日常"的播放
量最高（如图 5 所示），其中"'米奇'奇遇记"的播放量有
126.6 万，点开这组视频，里面的内容却与美食毫无关系，而
是真实记录了某天她们在宿舍里猛然发现老鼠、慌张抓老鼠、

学习防鼠攻略的全过程。"第一条火的就是抓老鼠的，其实就是一个生活的点，可能就有共鸣了，大家都会有这个困扰，所以它能够火起来，很短嘛，所以比较容易传播"（A6，2021/12/26）。从 A6 的短视频创作经历中可以看出，在短视频平台，普通人的真实日常更容易获得关注。

图6 会议室讨论拍摄脚本（拍摄于 2021/12/8）

与亲身经历相反，另一部分原创短视频则是专门的策划表演。如图6所示，大学生们会经常聚在一起讨论，前期他们以校园生活为基础，创作详细的表演脚本，故事情节紧扣校园生活，再根据脚本设定好拍摄场景、拍摄道具以及演员台词和走位，根据脚本表演拍摄（如图7所示）。"内容一开始就是我和另外两个伙伴想，当账号粉丝达到一定体量，形成一定规模之后，为保证短视频内容有高质量的笑点以及固定的日更频率，我们会请编导，请不同的人，加班熬夜写脚本，就是为了让短视频好笑，不让观众失望"（A5，2021/12/7）。而为了更好地突出搞笑元素，并形成长期可持续更新的系列剧情，从首次创作开始，短视频里的每一位表演者都会有自己固定的角色设定，即所谓的人设，为配合剧情需要，他们彼此之间会建立相应的关系，将笑点与反转穿插在角色之间发生的故事之中。例如，博主 A5 的短视频分为多个系列，在"不正之风""四级故事""闺蜜纷争"中，呈现了大学生 A5 与室友之间的爆笑日常，常常被网友评论"监控了我的大学生活"；而"大哥"系列里的 A5 变身宿舍老大，与其他视频中单纯甚至略带傻气的形象不同，大哥冷酷暴力、"欺负"室友，呼应当下"校园除暴"话题。

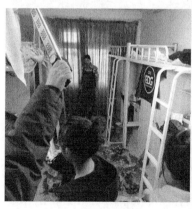

图 7　短视频拍摄现场（拍摄于 2021/12/9）

二是真人口播校园话题。口播短视频是指博主真人出镜，对着镜头说话的一种短视频形式，所说内容多为针对某一特定话题陈述自己的观点。大多数口播短视频靠一张脸和几句带有方言口音的台词，就能够获得 10W + 点赞。目前直白接地气的口播类短视频博主数量庞大，主要原因是创作口播短视频成本低，只要有想法和观点，博主可以对着镜头直接表达，买一个支架和补光灯，用手机便直接开拍。相比于剧情表演，选择成为口播短视频博主的学生，在镜头面前则不需要过于夸张的演绎。"我比较内向，不太愿意与陌生人沟通，很多人的话可能不行，单独的话还好"（B3，2021/10/21）。当研究者见到博主 B3 时，一时之间很难将面前这个腼腆，甚至连说话的声音都有点小的男生与短视频里那个滔滔不绝、妙语连珠的博主对上号。他告诉研究者"拍短视频就是觉得好玩，就像发个朋友圈，那会口播比较流行，也不需要有人帮忙"，拍、剪、内容方面一个人就可以。在视频里他用轻松幽默的话语调侃当代大学生的种种现状，例如在 9 月开学季的短视频中，调侃了开学第一天斗志满满要好好学习，第二天便卧床玩手机的大学生，以及恐惧开学，用等量代换的方式安慰自己的大学生，在镜头前他缓缓道来："9 月上课 21天，10 月上课 19 天，11 月上课 21 天，12 月上课 19 天，一共上课 80 天，平均每天上 7 个小时，一共是 560 个小时，换算下来就是 23 天。也就是说，9 月开学只用上 23 天课，你就放寒假了。"这一短视频引发大量学生的共鸣，收获了 208 万点赞，13.1 万评论。为了使短视频选题更加贴近大学生的生活，他常常会"多看一下生活里有趣的事情，最好不一样的，区别于别人的，最好是自己想一些新话题"（B3，2021/10/21）。由于口播话题贴近校园生活，能够从情感上引起学生群体的共鸣，产生价值上的认同感，仅靠口播这一短视频形式，博主 B3 便拥有了 94.4 万粉丝。

2. 以颜值人设聚集流量关注

颜值，即对个体外貌的评判。尽管在实际生活中我们应理性且全面地看待每个人，尽量避免以貌取人，但是当个体间初次见面时，由于缺乏可供参考、相互了解的其他资料，极易根据外貌作出直观判断。虽然这一判断很仓促，但不可否认高颜值往往更能吸引人，能够留下较好的第一印象。20世纪，受到照相技术与好莱坞电影蓬勃发展的影响，个人外表与样貌逐渐引起人们的关注，在个人幸福与完满的追求中，外表的重要性越来越彰显，因此，现代自我对向别人展现自己特别感兴趣。[①] 进入数字时代，特别是随着美图类软件的出现，一键式、傻瓜式的修图操作降低了技术门槛，"象牙塔"的博主们能够迅速掌握各种滤镜、美化技能，为自身获得更多社会关注提供技术支撑。"我连续发布了两条比较青春一点的视频之后，就会发现其实受众还蛮多喜欢看这种类型，之后的创作也会留意一些"（B4，2021/10/27）。

人设即人物形象设定，最初源于漫画中的角色设定，逐渐演变为真实生活中对个人所进行的从形象外貌到个性特点、

---

① 郑红娥.“颜值即正义”？别让美丽“奴役”你 [J]. 人民论坛，2020（8）.

心理特征、生活背景等的塑造。打造短视频人设的主要目的是拉近与受众的距离，和受众成为朋友。从他们的兴趣点出发创作内容，更能够引起情感共鸣，从而建立博主与粉丝之间的信任，在虚拟空间中形成更为密切的社会关系网络，创造流量变现的可能。如今，"颜值即正义"已经成为短视频平台的共识，① 漂亮的外貌往往能让人印象深刻。大学生们在短视频平台中，塑造、呈现的人设便发挥了自己极具青春感的高颜值优势，但要完整塑造出极具魅力的短视频人设不能仅靠"颜值"，还需要设定契合粉丝喜好的人物性格，从而在交流互动中实现更为真实的情感传递，达到和粉丝"交朋友"的目的。幽默搞笑的人物性格，便是学子博主们最为擅长的一类。"我得出的心得是要走搞笑路线，搞笑路线真的很容易火。我这人就很搞笑，从小到大就是开心果。做短视频一定要自己都觉得搞笑。当时我们视频火的时候，我看视频都笑得发抖，太好笑了。我和粉丝之间像朋友一样，有的时候直播就是聊天"（A4，2021/12/2）。

---

① 吕鹏. 线上情感劳动与情动劳动的相遇：短视频/直播、网络主播与数字劳动［J］. 国际新闻界，2021（12）.

第五章 "象牙塔"博主们在短视频生产实践中的社会资本碰撞

有学者认为在一个分层的社会结构中，个体获得社会资本的数量及质量由三个因素决定，包括个体社会网络的异质程度、在网络中所处的地位、与成员的关系强弱。个体拥有的网络异质程度越高、地位越高、与其他成员关系越弱，则其拥有的社会资本就越丰富。[①] 而在"象牙塔"博主们的短视频生产实践过程中，不仅呈现出其独有的特征，同时随着社会网络的流动与变迁，他们所拥有的社会资本也随之发生碰撞。

关于大学生短视频博主社会资本的测量方法，本研究将借鉴纳哈佩特与高沙尔的社会资本测量维度，从结构资本、关系资本与认知资本三个方面进行分析。具体而言，结构资本维度会对访谈对象经由短视频制作传播构建的社交网络进行分析，考察其社交网络的构成情况、与网络中成员的关系、

---

① 梁莹. 社会资本与公民文化的成长 [M]. 北京：中国社会科学出版社, 2011：76.

社交网络的丰富程度及权力配置;关系资本维度会考察短视频生产实践行为是否有助于博主获得人际信任感、义务与期望和可辨识的身份,以及社交网络成员之间可遵循的规范;认知资本维度会剖析短视频实践行为是否有助于提升博主的社会参与意识,是否能与社交网络中的其他成员达成价值共享,是否对自己成为短视频博主后的生活状态感到满意。如图8所示,本章将进一步探讨"象牙塔"博主们在短视频生产实践过程中社会资本发生的碰撞。

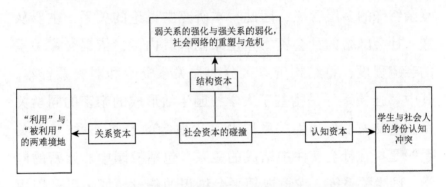

图8 "象牙塔"博主们在短视频生产中的社会资本碰撞示意图

一、弱关系的强化与强关系的弱化

在网络分析领域中,关系是指行动者之间的联系。在中国传统文化中,关系是人类社会生活中主体与客体之间、客体之间、客体构成要素之间相互沟通、由此达彼的"通路"(或称之为"桥")。① 美国社会学学者马克·格兰诺维特

---

① 姜磊. 都市里的移民创业者[M]. 北京:社会科学文献出版社,2010:60.

（Mark Granovetter）依据沟通互动的频率与关系的稳定程度，将人际关系划分为强联系和弱联系，并认为在社会生活中，与个人交往最为频繁且最密切的群体构成了"强联系"，比如自己的家人、朋友、同学、同事，这种联系非常稳定，但由于彼此接触的圈子相似，因此接收到的资源有限；在日常生活中，与个人关系不太密切，偶尔联系的点头之交被定义为"弱联系"，这种联系则更容易扩大关系网络，便于个人收获意想不到的新资源。由于在中国社会，"关系"一词具有极其复杂特殊的多层含义，因此，本研究中讨论的关系，主要从嵌入社会网络的社会资本角度来阐释其内涵，依据交往关系的亲疏程度，将结构资本区分为强关系资本和弱关系资本。其中"强关系"是指基于大学校园生活形成的亲密的同学关系、室友关系和师生关系以及基于血缘的亲属关系。"弱关系"是指在社会交往中结成的关系，包括校园中非亲密的同学、师生关系等，在短视频平台结识的粉丝、博主以及因短视频创作结识的朋友、同事。

1. 弱关系的强化：虚拟社群亲密交往带动线下关系链接

"象牙塔"博主们通过真诚表达与他者回应在虚拟社群制造亲密互动。短视频博主可以自由自在地在视频中讲述日常生活中的故事和感悟，真诚地分享生活及自身擅长领域的信息，与网友们在交流中开诚相见，他们相互关注、相互评论，在虚拟网络空间中频繁互动，却在无意间透露出一种可贵的真诚感，这种真诚在现实生活的人际交往中十分难得。与此同时，短视频平台为博主们在镜头前的"表演"引来了观众，使他们收获了能够倾听自己心声的对象，也许这种"被倾听"正是个体在现实生活中所需要但却缺少的。在短视频平台上，现实生活与虚拟交流、真诚表达与他者回应相互融合，共同构成了个体社会交往活动的一部分。在这样的平台上，每一位成为博主的学子们将自身的真实生活展现给他人，甚至是毫无关系的陌生人，并在日常化的表演与信息分享中，建立起亲密互动的关系网络。由于频繁的互动交往，巩固了他们在短视频平台上结识的粉丝、其他博主之间的弱关系，使其弱关系资本得到强化。

粉丝通常是博主的热心追随者，由于大学生的特殊身份和以日常生活为主的视频内容，导致"象牙塔"博主们与他们的粉丝有着更为平等、亲近的关系。博主不再是某一领域的意见领袖，而更像是有着相似经历的朋友，在内容分享与互动中，更容易产生情感共鸣，从而建立起亲密的网络关系。虽然这种交流存在于虚拟的网络空间，但是这种借助虚拟技术的公开表达与回应，为博主与粉丝搭建了亲密关系的桥梁，在制造亲密的过程中形成精神上的互依。虽然这种互依的情感看起来是建立在网络这一空中楼阁之上，但却可以真实地为参与其中的个体带来满足感和归属感。虚拟网络空间中身体的缺场并不妨碍个体收获真情实感的共鸣，在此基础之上，他们相互了解、相互依托、相互支撑，进一步增强了彼此的情感联系。

我们是有固定粉丝群，铁粉不到 10 个吧，凤毛麟角，是真实存在于网上的，而且不想见面，只给刷礼物，会加微信，平时会对你的生活比较关注。我之前没玩抖音的时候，也以为需要维护粉丝，但是后来发现不是这样的，粉丝经常会找你，你只要给一定的回应，他们对你的黏合性就会很高。那时候每天都交流，尤其是开直播的时候，只要开直播就会交流比较多，他们也关心我们去哪玩了，最近在忙什么。然后我们参加比赛，① 他们也支持我们的比赛，还有给我们充抖加②的。有一个粉丝是我们的铁粉，和我们只是在网络上认识，他在我们直播间下了单，地址填的是我的，然后给我们买了牛奶，还买了水，都让我们喝了。（A4，2021/12/2）

在发布一条内容的时候，你高兴的时候就会有人去鼓励你，或者与你有共鸣的那种感觉；你难过的时候，其实也会有人去安慰你，或者说可能会私信你一些他的经历来开解你。我觉得如果说能有一个人一直回复你的一些消息，或者说能够把他的生活分享给你听，然后你去看一下他的生活，他在经历过类似事情的时候是什么样的，我觉得这种感觉很神奇。（B4，2021/10/27）

---

① 比赛指直播带货比赛。
② 抖加是抖音的一项付费推广功能，通过付费得到更大的推荐流量，提升视频的播放量、互动量，费用为 100 元。

学子短视频博主将现实生活中的经历与感悟带入虚拟网络空间，并围绕着一种泛化的、流动的、亲密的主题在短视频里讲述故事，包括琐碎的生活日常、情绪的起伏变化或者通过夸张、搞笑的方式讽刺现实，贴近大学生群体的共同生活。和他们处于相同生命阶段的粉丝浏览并回应着这些故事，他们之间的关系如同朋友一样，有着共同的话题、兴趣爱好以及困惑烦恼，互相交流彼此的生活现状，互相关心并给予帮助。这种连接虚拟与现实的力量，使每一个参与其中的短视频用户学会了熟练地在虚拟网络与现实生活之间来回切换，逐渐紧密相连，在日常化的互动及真诚表达中建立起共同的亲密关系。

除此之外，大学生短视频博主还会在虚拟社群中结识其他博主，并寻找合适的机会通过个人私信或者公司联系等方式开启梦幻联动，组成一个小集体共同产出内容，联动发布短视频，以此来吸引更多的观众，提高共粉率，实现双向涨粉。在共同创作之余，志同道合的博主们也会在网络中经常保持联系，探讨与短视频相关的内容或是共同感兴趣的话题。

粉丝基础在这个量级里面的人，他们都是互相认识的。同一粉丝量的博主，比如说你认识了这个人，后来你刷其他人视频的时候，你会发现他俩也是互相认识的，大概这个圈子的所有人大家都相互认识了。我们都是在抖音里联系，互相评论点赞，也有一起发布过视频，目

前大家都在武汉，都是武汉的在校大学生。（B4，2021/10/27）

因为当时这个博主在学校拍，我们也在学校拍，就认识了。我们关系比较好，私下关系也很好。然后联动啊，去找别的博主，比如说这个博主就是公司联系的，因为一开始我们做号的时候她就有100多万粉丝了，以我们那种素人的形象，怎么说呢，你去找他们合拍是很难的，他们每个人都很忙。当时我们肯定找不到，就由公司那边去找。（A5，2021/12/7）

大家有忙或者有问题时会互相帮互相问。我加了一些摄影群，大家在里面讨论摄影方面的问题，我们大部分其实讨论和武汉有关的城市发展，哪里的项目又开建了，各种第一手的消息都会在群里先传开。因为大家玩摄影，大部分是本地人，大家都是对这个城市比较有情怀，就会比较关注它的发展。（B2，2021/10/16）

除了强化与粉丝和其他博主的弱关系之外，在虚拟社群中，博主被他人关注的事实会以具体的粉丝数、点赞量、评论量等直观数据呈现出来。在心理上，每个人都渴望被他人欣赏和关注，这是人性最基本的需求，而在现实生活中，被他人关注的事实往往被遮蔽或模棱两可。在短视频虚拟空间中，这种需求恰好被赋予特殊意义的数据满足，人们便放下内心防备，彼此互相靠近，压缩了不在场的空间距离。博主们收获浏览量、点赞量和评论量的同时，也收获了被关注的喜悦，从而进一步加强彼此之间共同的情感纽带。

> 第一个短视频火的时候很开心呀，晚上看评论会看到很晚很晚，因为视频一火的话就会有很多评论。我晚上就会一直守在那看评论，抖音评论特别好笑。(A5, 2021/12/7)

> 如果有一天，我点进去发现底下那个消息提醒是 99+ 的话，我就会很开心。这说明我的这个视频应该是爆了。(A2, 2021/11/2)

同时，博主团队成员在玩乐中一起创作，成为亲密的朋友。如前文"短视频生产中的社会资本形式"中所述，"象牙塔"博主们利用地域型关系网络找到志同道合的同学好友组成团队，合作完成短视频生产创作。基于关系型信任，有许多同学也愿意加入大学生博主们的团队，一起参与生产制作。集体创作短视频的共同经历，使参与者在这一阶段的生命历程中收获了宝贵的亲密关系，从中体会到存在感与乐趣，即使是已经签约了 MCN 公司的资深博主，在配备了专业团队的情况下，也依然拥有相对轻松自由的创作环境，大家年龄相仿，志趣相投，各种网络热梗①聊得不亦乐乎，完全看不出上下级的关系。一条点赞量上百万的短视频脚本，有可能是他们在会议室里边喝奶茶边撸猫讨论出来的，也有可能是他们

---

① 梗是一种网络用语，意思是笑点。

在公园里晒太阳吃零食时想出来的。"买了什么啊，你怎么这么抠门呢？10 个人就买这点。我把那几个糖吃了，那几个糖还挺好吃的"（A5，2021/12/7）。参与脚本讨论时，团队成员因为暂时的灵感枯竭，决定放松一下，吃点零食继续聊脚本，博主 A5 一边吃糖，一边朝负责财务的同事开玩笑。在合作与互动中，团队成员成为亲密的朋友，形成弱关系的强化。

2. 强关系的弱化：疏远校园，屏蔽父母

强关系的弱化首先体现为"不在场"，即校园生活的缺席。教育是一种较为特殊的人际交往活动，其根本目的在于培养人，而大学教育是帮助个体从校园迈向社会化的重要阶段。对于远离家乡、外出求学的大学生来说，建立良好的人际关系，无论是对他们在校的学习，还是毕业后的工作，都是十分必要的。目前，我国高校的管理模式多以学院专业为单位，进行统一管理，住宿则以班级成员为主集中安排，这便形成了大学四年较为稳定的朋友社交圈。除了校园里的同龄人和授课教师以外，交往群体还包括班主任、辅导员、教学秘书和宿舍相关管理人员。这些校园中相对固定的社会网络有利于形成良好的强关系，并延续到学生个体后续的社会流动中。

然而一个人的精力和时间是有限的，具备学生和短视频博主双重身份的学子，进行短视频生产实践会不可避免地压缩在校时间。"拍视频不可能第一条就刚好特别完美地过了，可能会一直拍一直拍，服装上面也会花心思，把东西整合起来比较花时间"（B4，2021/10/27）。特别是在短视频领域已经

取得一定成绩的资深博主来说，他们在校期间便将短视频创作作为自己的事业来做，为了更自由地创作以及不打扰室友，他们选择搬出学校宿舍，从物理空间上逐渐疏离了校园中的人际关系网络，不仅减少了与同学、老师的人际交往，也会选择性地放弃一部分课程学习。

> 虽然在开学之前，我下定决心要好好学习，考这考那，但做了这个事情（短视频博主）后我真的没有太多时间去专心学习。可能是因为我工作的原因吧，我很忙，在学校没有交到非常好的朋友。（A1，2021/10/2）

> 我没在学校住，就偶尔会回去。有的老师会管，有的老师不需要我去上课，我会有选择地去上课。（A5，2021/12/7）

> 我当时选择不去上几门课，我觉得顾不上学习了之后，我就直接放弃了学习。（B1，2021/10/10）

校园生活的"不在场"，不仅使他们减少了与其他同学建立亲密关系、互相分享情绪、倾诉交流的机会，也造成师生关系疏远的现状。在与访谈对象探讨专业课程学习对短视频制作与生产的影响时，部分学生对教学课程安排以及授课老师的情况知之甚少，甚至出现完全不认识授课老师的情况。由于在课堂这一重要的校园公共活动中缺席，大学生短视频博主与老师们的关系也就逐渐生疏淡化了。强关系资本的削弱也意味着会大幅减少他们从老师那里获得帮助和支持的可能性。

其次是"数字代沟"，与家人关系疏远。学子们在短视频中进行自我表露时，普遍对家中长辈，特别是父母，倾向于采取屏蔽措施。"我家里有很多人发现了我的抖音，虽然我在本地读书，但其实回家时间也挺少的。朋友圈现在很多人不都设置屏蔽嘛，其实朋友圈很难关注到你真正的生活，所以他们就会在抖音上关注你，然后会给你点赞或者评论"（B4，2021/10/27）。"有的时候拍的东西，其实我并不想让家人看到，有想过屏蔽他们"（A2，2021/11/2）。他们认为大部分长辈思想比较传统，部分短视频的段子不适合被长辈们看到，或者是他们看了也理解不了。"我妈天天就说你们玩的什么？"（A5，2021/12/7）。有时往往因为视频中的一个梗还需要向家人解释半天，为了减少不必要的麻烦选择了屏蔽家人，从而也切断了让家人了解自己校园生活的通道。

除了主观上选择屏蔽家人，客观上由于短视频创作需要实时追求热点，并保持相对稳定的更新频率，因此忙碌拍摄是短视频博主的生活常态，这导致他们常常对家人缺少陪伴。虽然意识到与家人相处时间减少，也让他们感到十分痛苦，但是为了保持短视频的日常更新，他们还是选择了坚持工作，认为陪伴家人可以日后弥补，现阶段则尽量通过自己的努力给家人带来物质上的补偿。

> 我寒暑假都不能回家，我妈就觉得特别对不起我，暑假其他人都回家了，但是我回不去，甚至我寒假过年

的时候只有十天假，因为我要更新呀。我可以提前囤本子，但是囤本子对于新媒体人来说，是非常难的一件事情，因为你要追求热点，或者别的事情。我妈觉得我特别可怜，而且我从小就比较念家，我就特别想和他们玩，但是我不能。这个时候我也很煎熬，但没办法。作为一个大学生，我给我爸买他想要的手表，只要熬这几天我就能给他买个手表，我看见他开心，我就开心了。(A5，2021/12/7)

二、社会网络的重塑与危机

社会网络是指社会个体成员之间因为互动而形成的相对稳定的关系体系，社会网络关注的是人们之间的互动和联系，社会互动会影响人们的社会行为。当"象牙塔"的博主们从地域型关系网络拓展至脱域型关系网络，个人所处网络中的位置、接触的个体成员、互动和联系的方式都会发生改变。"象牙塔"的博主们在网络异质程度增强、获得网络权威关系的同时，也面临商业陷阱和责任负担等方面的困境。

1. 网络异质程度增强，潜藏商业陷阱

在社会交往中，个体获得的社会资本得以增值，除了强弱关系反映的交往程度外，社会关系网络的规模同样会

影响社会资本的增值，网络规模主要体现为个体社交范围的大小。[①] 交往范围越大，社会网络异质程度越大，因此，个体最大程度上扩大社交范围，增强社会网络的异质程度，有利于社会资本的获得。和身处 "象牙塔" 的其他同学相比，成为短视频博主的学子们已经是一只脚迈出校园的半个 "社会人" 了，他们的交往空间涵盖的社会网络已不仅是校园里的老师、同学和实习单位的老师、同事，而是延伸至社会中的多行多业，人际关系的链接有着无限的可能性。除了商家、品牌方，还包括内容创作者、节目制作方以及平台方，他们成为连接商家、平台、用户的桥梁。

> 我是做探店视频的，接触的基本上是各行各业的人，有做咖啡的、酒吧的、餐厅的、景区的，也有做房地产的。做一段时间之后，加了这么多人的微信，这些人也是资源，他以后有活就会直接微信你，问你去不去。做久了之后，我就慢慢体会到，什么是人脉的力量，自然而然就积累到一些资源，然后你们再对接起来就会比较方便，不会像最开始那样两眼一抹黑，别人也不知道你，你也不知道别人。（B2，2021/10/16）
>
> 我做微博视频的时候，虽然说当时没有这么赚钱，但是我加的都是各种大品牌的 PR[②]，要么是相机品牌，要么是家居品牌，要么就是景区品牌。他们那些公关，

---

① 郑素侠. 网络时代的社会资本 [M]. 上海：复旦大学出版社，2011：252.
② PR 是公关经理的简称。

加了就是个资源,他们朋友圈会发很多东西。(B1,2021/10/10)

通过这个机会和明星合作过,还有很多餐厅会邀请你去体验。我毋庸置疑实现了经济独立,可以自己养活自己,接触到了更好的圈子,通过这些也认识到了一些朋友,包括做文化的、做餐饮的朋友和一些优秀的人。(A1,2021/10/2)

有人找我去做一些拍摄或者广告,有节目来问我能不能去参加,大概有两个综艺节目找过我,让我去面试。(B4,2021/10/27)

在异质程度极其丰富的社会网络中,短视频博主正处于博特所提出的社会网络中的"结构洞"上,成为他人连接另一个网络通道的中间节点,串联起不同类型的资源,进行跨领域沟通,同时调动各种人际资源为自己服务,从而实现自身的价值,获得更大的利益。

然而,差异化程度极高的社会网络给学子带来资源与机遇的同时,其背后也潜藏着一定的风险和危机。由于大学生群体缺乏社会经验,法律知识、财务知识欠缺,往往不具备自我保护意识,一些别有用心之人甚至会利用大学生社会经验不足的弱点,设置商业陷阱,谋取不正当利益,给大学生平静的生活带来一定的冲击。

事先和商家约好了,在网上谈的是来拍主题咖啡厅,我文案都写好了，想着在室内拍，也没带航拍器材，谁知道来了以后才告诉我拍公园，只能硬着头皮拍，不拍也行，那就没钱拿嘛。（B1，2021/10/10）

诸如此类没有任何正规合同约定的商务合作，在中小体量的短视频博主中十分常见，即便签订了合同，博主们往往也是在损失发生之后才意识到存在的商业风险。"公司拖欠工资、不提供合同约定的合作、超出合理限度干预视频制作，在一系列违约操作之后，我向公司发出了解约函，目前法院已经受理了案件。"近期博主 A5 在回答粉丝更新频率降低的答疑视频中，讲述了她的遭遇。一名在校大学生和一家公司之间力量差距悬殊，大学生兼职做博主，本身也是一种市场行为，在这一复杂的市场中，学子短视频博主更需要提升自我保护意识，与正规公司签订有效合同。

2. 网络权威关系获得，增加责任负担

除了拥有异质程度丰富的社会网络之外，成为短视频博主的学子在他们所处的社会网络中还往往掌握一定权威。权威关系通常代表个人具有使人信服的力量和威望。科尔曼指出权威关系的存在，使得个体在不愿意为群体共享的利益做出牺牲时，可以把相应的权利转让给具备杰出才能且受群体成员信服的领导者，让他们行使权利以解决共同利益问题。如果象征权威关系的权利掌握在少数人手里，便会使社会资

本的总量增加。① 当账号粉丝达到一定体量，为保证短视频的更新频率以及内容质量，个人博主会聘请专业人员协助其创作，签约公司的博主则会组建专业团队，分工明确，各司其职，通常粉丝量的多少也决定了创作过程中博主对于内容把控权的大小，粉丝量越多意味着博主对于内容系统创作的掌控度越高。

> 我的商务是以前在工作中认识的，后来他离职了，我就挖到他，让他当我的商务。现在我那个编导，也是当时想尝试和他们公司合作，后来就把他带出来了。其实找人也是要看气场合不合，我们都是很年轻的人，都是90后。和我一起工作因为我这边可以赚钱啊，而且我也不会亏待他们，我的编导每个月都拿到一万多，他也不用坐班，我希望给他一个轻松的环境，而且我告诉他，你只用做好你分内的工作，但是你得做到让我满意。（A1，2021/10/2）

> 公司是很好的伙伴，不会管着我，我想去干什么，他们都会非常支持。比如，我明天想去见某个大V网红。他们说好，我来给你联系。可能这只是我临时起意的一个愿望，我今天随口一说，过几天就会得到回应，会说："你们可以买票了，去沈阳吧。"特别惊喜。账号内容都是我们自己出，自己创作，公司不管。（A5，

---

① 田凯. 科尔曼的社会资本理论及其局限［J］. 社会科学研究，2001（1）.

2021/12/7）

　　与此同时，权威关系的获得导致权力越大，责任越大，负担也就随之而来。成为短视频博主的初期，他们往往会发布自己感兴趣的内容，目的只是为了展现自己，而对浏览量、点赞量、评论量没有过高的期望。随着粉丝数量逐渐攀升，博主们对于象征着热度的数字越来越敏感，对于粉丝们的评价也越来越在意，甚至产生一种"创作优质内容就是对粉丝负责"的使命感，导致这些数据时刻都能在不经意间影响着他们的情绪。

　　　如果效果不好的话，就会觉得对不起粉丝，你今天发了一个作品，他们觉得不好笑，就会降低观众的那种期望感，最重要的是怕观众会失望，特别是粉丝。（A5，2021/12/7）

　　　心情很焦虑，会随着流量的起伏而变得焦虑，我们这个行业有很多博主都有精神方面的疾病，就是有这么夸张，视频上看起来大大咧咧，特别是百万千万级别的博主他们真的多多少少都有精神上的疾病，互联网上看起来很活跃，现实中很沉闷，就感觉压力很大。现在有团队了，很多事可以交给别人去做，但我经常会批评我的编导，会和他讨论，还是得亲力亲为，不能放手，而且我也放不了手，心里过不去。（A1，2021/10/2）

三、"利用"与"被利用"的两难境地

除了上述结构资本的碰撞,"象牙塔"短视频博主的关系资本碰撞则体现为陷入"利用"与"被利用"的两难境地。在格兰诺维特的嵌入性理论中,社会资本被视为社会网络中的一种嵌入性资源,信任、社会规范等嵌入网络之中,使得社会关系网络能够长久存在并有效运作。短视频博主们形成了个人所独有的社会网络后,自然而然便获得了信任、规范以及义务与期望、身份与地位等关系资本的通路,并充分利用这些社会资本以实现自我价值。然而,他们在获得了与社会网络相对应的关系资本的同时,也被这些关系资本所"利用"。

1. 获得普遍型信任与距离感

人类社会的和睦建立在信任的基础之上,社会资本的获得同样也基于信任。[①] 人际信任主要是指在人际交往中,个体之间彼此相信而敢于托付情感,是一种个体主观上对他人表现出来的态度。前文中本研究将信任分为关系型信任和普遍型信任,前者主要针对身边的"小圈子"给予自然而然的信任,包括家人、朋友,而对社会上的大多数人则不信任;后

---

① 唐·科恩,劳伦斯·普鲁萨克. 社会资本:造就优秀公司的重要元素 [M]. 孙健敏,黄小勇,姜嬿,译. 北京:商务印书馆,2006:37.

者则表现为人们愿意信任素不相识的陌生人。[①] 由于中国社会文化传统的特殊性，中国人会按照血缘关系的亲疏划分"自己人"和"外人"，信任度亦是建立在血缘共同体的基础之上，难以普遍化，在中国社会中关系型信任更为常见，普遍型信任则更为难得。因此，本研究在考察短视频博主获得的人际信任时，主要关注的是普遍型信任的获得。如前文所述，"象牙塔"的博主们由于学生身份和在短视频领域中取得的流量成绩，更容易获得来自同校中众多陌生同学和求职单位的普遍型信任。得到认可的博主们能够减少沟通成本，便利校内取景拍摄或更易获取理想职位。

互联网技术为人类社会在线上建立起众多新的媒介场景，人们在这些场景中无须顾虑时空的限制，自由地交流信息与情感，构建关系网络，但在悄然之中，也增加了现实的距离感。在短视频这一媒介场景中也存在同样的问题，一方面，网络空间本就是虚拟的环境，尽管虚拟空间中"键对键"的人际交流异常活跃，但在眼前的屏幕之隔下，短视频空间依然与现实生活存在差距，无论是短视频博主，还是短视频受众，并不会将虚拟空间的社会网络完全代入现实生活。在虚拟空间中的交流，甚至会令博主们产生"偶像包袱"，当在现实生活中偶遇虚拟空间中的"熟人"，他们会刻意保持距离感。"有时候走在路上会被人认出求合影，今天工作的时候也有碰到这种情况。大家都认识你，走在路上有人会主动打招

---

① 梁莹. 社会资本与公民文化的成长 [M]. 北京：中国社会科学出版社，2011：193.

呼，导致我现在不敢素颜出门，很奇怪的偶像包袱，素颜出门会捂得严实怕被认出"（A1，2021/10/2）。

另一方面，虚拟空间中的短视频博主往往表演着虚拟的人设，他们通过一系列故事与特定的表演方式、独有的语言风格，塑造自己的人设，并长期维持这一人设，受众对于"博主表演人设"这一事实也心知肚明并全然接受，他们很清楚自己在短视频平台中观看、交流的对象是被赋予特定人设的博主，并非现实生活中真实的博主本人。在本研究进行过程中，身边许多作为短视频用户的朋友得知研究者的选题后，大家都会好奇地询问"这些博主现实生活中和短视频里的人设差距大吗?"尽管大家都是身处"象牙塔"里的学子，成为短视频博主的学子通过屏幕中的表演，在无形之中给自己添加了一层"滤镜"，使观看他们的人不再仅仅把他们当作"身边人"，而是对其产生了一种莫名的距离感。

2. 规范的便利与制约

"无规矩不成方圆"，规范是指群体所确立的行为准则、明文规定或约定俗成的标准，它体现了群体的共同意见，其本质是对社会关系的反映，也是社会关系的具体化。处于社会中的个体只有自觉遵守规范，用规范调节自身行为，才能被群体所接受，成为社会中的一员。一方面具备明确的规范可以使人们的行为有据可依，带来行动上的便利；但另一方面过于刻板地遵循规范，则不利于行为主体的自由发展。

作为短视频博主，首先面对的便是短视频平台规范。为有效规范网络视听节目，官方对于网络短视频的内容审核有直观、可执行的标准细则，也有博主们通过经验总结出来的不成文的规则。对于这些准则、规范的深入了解与掌握，有利于短视频博主在内容创作上快速入门，不至于触及标准底线，犯低级错误，与此同时，也有助于博主主动探索流量密码。例如，访谈对象 B1 结合自身经验发现，作为一个中等粉丝体量的账号，并不用盲目追求涨粉，获得更可观的粉丝数量，提升粉丝活跃度更有利于提高账号的整体质量。

> 上次粉丝涨上去之后，我还刷掉了一部分，把不活跃的粉丝刷掉，提高账号质量，因为我账号不需要那么多粉丝，没必要。比如说 5 万左右粉丝，这个账号属于中层 KOC①，其实是蛮好的一个状态，能变现。他的热度刚好，粉丝一多，过 10 万了就需要你走星图②，或其他各种各样的方式。（B1，2021/10/10）

短视频平台规范在便利博主们有效制作与传播的同时，也会起到一定的制约作用，给短视频创作带来许多不必要的麻烦，也给博主们戴上了"紧箍咒"，使创作自由度与灵活度

---

① KOC（Key Opinion Consumer）关键意见消费者，通常指能影响自己的朋友、粉丝，产生消费行为的消费者。相比于 KOL（Key Opinion Leader，关键意见领袖），KOC 的粉丝更少，影响力更小，优势是更垂直、更便宜。

② 星图是抖音的官方推广任务接单平台，其功能是为品牌主、MCN 公司和明星、达人提供广告任务撮合服务并从中收取分成或附加费用。

大大受限。为避免无意间触犯平台规范，引发平台限流，每一条短视频在正式发布之前，博主们都会交由多人反复检查，检查范围不仅包括视频内容、字幕、贴纸、配乐，还会细致到文案中所使用的每一个字。在对访谈对象 A5 的参与式观察中，研究者发现准备发布视频往往是最紧张的时刻，团队成员围坐在一起，各自捧着手机盯着屏幕仔细检查，根据经验他们猜测文案中不能带有"买"这个字，认为平台也许会将这条视频作为广告进行限流，文案修改完毕后，团队中负责运营的同事突然发现视频中人物举起铲子的画面从拍摄角度看有点像一把刀，怕引起误会又在视频中配以字幕提醒，经历了反复多次修改，一条 36 秒的短视频才终于发布。

3. 义务与期望的抉择

义务与期望也是构成关系资本的主要内容之一。科尔曼认为当一方为另一方提供了某种服务，并确信另一方会因自己提供的服务而承担义务时，他便拥有了相应的社会资本。在社会关系网络中，个体担负的义务和期望越多，收获信任的可能性就越大，就拥有越丰富的社会资本。大学生短视频博主从"萌新"到资深，一步步走来接受了许多人的帮助，这些给予帮助的人对博主们的发展充满期望，博主们也就承担起了相应的义务。这些义务与期望对于博主来说往往意味着两难的抉择。一方面，他人的期望给了博主前进的动力；另一方面，过重的期望也给他们带来难以承受的压力。

"萌新"博主肩负的义务与期望往往来自身边的同学和朋

友，当短视频拍摄人手不足时，关系好的同学和朋友总是最得力的助手，他们有时需要出镜担任演员，有时负责摄像，若拍摄场景在公共场所还需要肩负场务的责任。对于"萌新"博主来说，朋友的帮助便是所获得的社会资本，但与此同时亲密朋友也对"萌新"博主的爆火产生了极大的期望。"他们想让我赶紧火，说火了抱我大腿，但我火不了"（A3，2021/11/25）。

资深博主面对的义务与期望则来自方方面面，热情追随的粉丝与害怕失望的博主、真诚托付的商家与无法预判的博主、亲如伙伴的公司与劳累过度的博主……博主们一方面获得了众多个人发展所需的社会资本；另一方面也在这些社会资本的碰撞中陷入"两难"境地，感到无所适从。

我粉丝都是小朋友，他们就喜欢看我装疯卖傻。我肯定不喜欢啊，我可是女神。比如说今天你看到塞的衣服，其实很多时候都是故意的。一开始丑化我，我可能心里会有一点点不舒服，内心挣扎那么几秒就好了。如果效果不好的话，我就会觉得对不起粉丝，肯定有部分粉丝等着你更新，你今天拖更了，或者是你今天停更了，或者你今天发了一个他们觉得不好笑的作品，就会降低观众的期望感，原来每天蹲一个作品好好笑，现在蹲一个作品，这是什么呀？什么也不是。就那种感觉，最重要的是怕观众会失望吧。（A5，2021/12/7）

很多商家把希望寄托在我身上，因为很多餐饮商家是小个体户，拿着自己的积蓄开了一家店，他就希望你的一条视频可以给他带来很好的效果，其实有的时候并不是每条视频都可以成为爆款视频。当我看到流量不是那么好的时候，心理压力很大，甚至有段时间我感觉我都快有焦虑症、抑郁症，做这个真的感觉压力很大。临近毕业的时候我也很焦虑，我在纠结我到底是要找工作还是继续做这个事情，我纠结了很久很久，最后还是决定继续做这个事情吧。(A1，2021/10/2)

我觉得公司特别重要，特别是大学生，因为我是跟着公司一起创业起来的。对于大学生们来说，一开始哪能投抖加，一个月1500元，没有办法拿多的钱去做视频推广。其实对于大学生而言，从生活费中拿出100元都非常难。公司很好，他们非常支持我。我也会有觉得累的时候，一到学校里面拍摄，我会羡慕那些学生，他们可以在操场上散步，他们可以睡懒觉。我可能会早上起来化妆去公司，像今天晚上加班到21时，回家22时整理一下今天他们码的脚本，给他们修改，整到23时，然后洗个澡24时，一天排得很满。晚上有个作业的话，我要熬到凌晨4—5时。(A5，2021/12/7)

4. 大学生身份优势与矛盾

身份之所以能够创造社会资本，主要原因在于现代社会中身份往往与权利相对应，象征着个体所处地位的高低，并据此将人划分为不同阶级，造成人际差距，因而不同身份会形成不同的社会资本。和其他短视频博主相比，拥有大学生身份的校园博主往往具有得天独厚的优势，主要体现在以下几个方面。

第一，表现在合作伙伴的易得性上。在一个强调个性的时代，年轻、自由且勇于尝试的大学生无疑是当中最具代表性的，他们并不满足于单调和平淡的校园生活。"因为年轻，身边志同道合的朋友更多，一群人想去做什么，就去做什么，没有那么多犹豫，没有那么多顾虑"（A5，2021/12/7）。有了这个想法，他们便一拍即合，直接开始更新宿舍的搞笑日常了。

第二是大学生身份自带流量。大学生话题是一个特别的话题，它不仅吸引共同身份人群的关注，而且对于非大学生群体同样具有极大的吸引力。"我比较喜欢利用大学生话题拍视频，不知道为什么，比我们年长的人，比我们年龄小的人都喜欢看。很多学弟学妹给我留言，问我学校怎么样，这种人也在给我制造流量嘛；那种考上大学的人会觉得特别搞笑；已经工作的人看着视频感觉很解压。还有直播也有优势，我们在宿舍直播，他们都感觉很奇妙。去参加比赛也会有引流作用，比如说那时我们比赛的时候会直播，就把相关的直播内容和介绍发给我的抖音粉丝们，让他们去看"（A4，2021/12/2）。

第三是大学生创新创业政策支持。"十二五"期间，教育部实施国家级大学生创新创业训练计划，目前为鼓励大学生积极创新创业，国家出台了税费减免、贷款额度提高、部分孵化空间免费等大量支持政策。身处"象牙塔"并计划在短视频领域创业的博主们便具备申请政策支持的优势，同时学院老师也十分关注学子们的职业发展，鼓励在校学生创业，常常主动联系有意向的学生，帮助其申请大学生创业支持。"我们院的书记支持我，我创业需要什么，她都会帮我"（A5，2021/12/7）。学院老师也表示全力支持学生创业，包括场地、政策以及资金支持，也有学校专门成立了创新创业学院，以便为学习者提供更加专业的指导和服务。

在享受大学生身份优势的同时，也使得"象牙塔"的博主们陷入了身份矛盾的困境。一方面表现为学业和短视频创作二者难以兼顾的矛盾，一些将短视频作为事业成为全职博主的学子们逐渐脱离校园，甚至因为拍摄任务忙碌放弃上课，但是身处"象牙塔"必须要遵循相应的教学规章制度。"作为学生肯定要以学习为主，还是要上课、考试。对于学生做自媒体创业，学院可以理解，更多的是支持和配合。现在快期末了，不能因为创业，不通过考试，后面重修会更麻烦"（学院老师，2021/12/23）。

另一方面是来自社会舆论的影响。"象牙塔"里的资深博主们不再只接受教学规章制度的管理，他们的一言一行都将被无限地放大，直接接受来自全社会的注视与评判。这不可避免会出现负面社会舆论，"大学生不务正业，想出名想疯了""拍段子迎合观众，娱乐至死"……接连不断的舆论攻击使他们陷入同龄人无法想象的困扰。

会因为关注度和评价而烦恼，其实我是一个很难接受别人对我不好评价的人。就算是我家里人对我负面的评价，我有时候也会很抗拒。成为博主的时候，你已经把自己暴露在别人的视野中，不可能不被他人评价，所以我后来把账号关了。（B4，2021/10/27）

假新闻特别烦，但是网上对我的褒贬很早之前就开始了。有的人觉得很棒，用自己所学的知识，大学就自己创业，他们可能会理解，或者是羡慕，或者是尊重我们的选择，但是有些人觉得这是引导大家都去挣这个快钱，褒贬不一。只是我很讨厌那些由事上升到人的行为，但是有很多网友就是键盘侠，没办法，他非要上升到人，我就很不能理解这种网友，觉得他们就是在家吃饱了没事撑的。（A5，2021/12/7）

除此之外，还会存在隐私泄露的风险。从普通大学生成长为短视频博主，原本平静的校园生活被拉进了大众的视野，在众多观众的手机屏幕前表演，视频中呈现的地理位置、身处的环境、家人的评论，这些都有可能暴露个人隐私信息，极有可能被别有用心的人利用，进而影响个人的正常生活。"别人会发布我的私人信息在上面，我的专业、班级、年龄、我的所在地，说出来然后还@他的朋友来看，我觉得你可以看到我，但是就不要涉及太私密的"（B4，2021/10/27）。然而出现这种情况后，博主往往也无可奈何，没有办法阻止类似行为，能做的只有主动把这些暴露隐私的评论删除。

四、学生与社会人的身份认知冲突

"象牙塔"里短视频博主的认知资本碰撞体现为"大学生"身份与"社会人"身份之间的认知冲突。个体间的社交活动并非只停留在表面的言语交谈，还包括情感共通以及思想碰撞，影响着个人认知的形成和发展。学子的短视频生产制作实践不仅造成上述结构资本、关系资本的碰撞，在认知层面也悄然发生改变。结构资本主要涉及社会关系网络，强调学子与他人的交往活动；关系资本指向的是学子通过与他人的交往获得的资源；而认知资本则强调交往活动中个体的主观体验，包括社会参与意识、个人价值观念以及生活满意度，具体表现为学子短视频博主所拥有的社会参与意识、共享的价值观念以及对自己生活状态满意与否的主观感受，他们所持有的认知资本与主流认知也发生了强烈的碰撞。

1. 社会参与意识：积极进入社会 VS 淡漠校园交往

个体的参与行为是指主动参加某些事务的计划、讨论、处理，并与社会成员一起活动的行为。文中的社会参与意识主要借鉴社会学领域中关于社会参与的定义，即指社会成员为了实现共同利益，主动介入国家政治、经济、文化、社会等领域的公共事务，在此基础之上对社会发展产生一定影响的行为。积极的社会参与不仅能够与不同背景的社会成员取得联系，增加关系网络的异质性，也能够获得社会成员之间的了解和信任，获取更多的资源。因此，社会参与也是获得社会资本的一个重要途径。

学子短视频博主们通常具备积极踊跃的社会参与意识，很乐意走出校园拥抱社会。他们中有人会主动寻找商务合作，以证明自己的能力。"你去找别人才是自己的能力，别人找到你不是你的能力，我在 2017 年的时候，就找到了韩国旅游局去执行一个项目，通过微信去搜他们的公众号，搜索一些关键词，比如说达人招募、免费旅行，然后逐个去投稿，交流人家有什么需求，你能提供什么，类似一个招投标的过程。可能投三十个，会有一两个回你，他对你有印象，这样的话，你只要愿意付出一定的成本，他也愿意付出一定成本，就能谈下来。要很主动，我当时实习就干这个，也锻炼了我后来沟通的能力"（B1，2021/10/10）。

除了主动寻找商务合作的机会，短视频官方平台的各类活动同样也会吸引"象牙塔"博主们踊跃参与。"官方会把我们拉个群，像'抖音湖北创作交流群'，成员是湖北地区抖音运营的，里面还有很多博主。你看我都把它置顶了，因为这种群很重要，群公告会告诉我们要参加哪些活动，会有一些话题，要求每条视频要大于 5 万的浏览，参加这个活动会有很多奖励"（A1，2021/10/2）。积极的社会参与有助于博主们在社交网络中产生凝聚力，增加获得优质资源的机会。

然而，积极拥抱社会的同时，也使他们淡漠了校园中的人际交往。大学生作为青年群体的重要组成部分，参加校园内的社团活动和社团管理，使他们能够获得自我尊重、自我实现等心理需求的满足，实现与同龄人的社会交往和信息交换需求，从而获得同辈资源。学子短视频博主中的大多数人由于繁忙的拍摄逐渐疏远校园，在各类班级活动中消失，他们在校园中没有交到很好的朋友，与老师的关系也十分陌生，失去了获得校园资源的机会。

2. 个人价值观念：创业实现个人价值 VS 学生不务正业

在人际交往活动中，人们往往更愿意同情投意合的朋友接触，双方在思想、感情层面彼此合得来，更易达成认同感与价值共识，增进亲近感和默契感，构建起亲密的社会关系网络。与此相反，如果在认知中所持的价值观念互相矛盾，则会严重影响其社会交往活动，造成群体之间的异化与排斥。

将短视频视为事业的"象牙塔"学子，在个人成长中往往有着一个明确的理想和目标，即希望做出点成绩来，实现个人价值，同时获得一定的经济资本，实现财务自由。为此他们在社会交往的过程中有着清晰的目标方向，认为年轻不应该享乐，愿意付出艰苦努力以提升自我价值，接触到更优质的社交圈以获得更多社会资本。"我觉得努力是年轻的时候应该做的，比如说我现在工作，你们看到我就是拍拍视频，但是我从去年到现在每天都早早起床，我会刷抖音看素材。我就是想以后稳定了，我再追求相对的自由，那个时候再休息，再去享受生活，我觉得是更有意义的，年轻时不能知足常乐。等我 30 岁了再每天晚上熬到四五点，就像我现在的工作量，我绝对受不了"（A5，2021/12/7）。同时他们也深谐社会的"游戏规则"，即利益交换。"你必须对别人有帮助，别人才会来找你，很正常，利益的时代都是这样的"（A1，2021/10/2）。因此，他们也很乐意提升自己的能力。凭借自身优势以吸引更多发展所需的人脉资源。"自己就得很厉害，你这个东西拿得出去，就有人找你"（B1，2021/10/10）。

不过学生时期便疏离校园，选择自我创业的大学学子毕竟是少数，他们与"学生就应该在学校好好学习"的主流认知相背离。"凭什么做博主就不用来上课，太不公平了，那大家都去拍短视频算了"（同学，2021/10/13）。即使创业做出了成绩，"学生因为拍短视频而不上课就是不务正业"这类言论一直存在于学子短视频博主的耳边，使他们很难被持有这一主流认知的人所接受，而这种"不务正业"的认知一旦被确立起来，便会形成与之相伴的固有印象，并不断强化，即便他们在自己擅长的领域取得了不错的成绩，也很难改变在他人心中的固有印象，一定程度上影响其社会资本的积累，难以融入社会。

3. 生活满意度：成就感 VS 失落感

作为衡量个体生活幸福感的重要指标，生活满意度是个体依据自身设定的标准对当前生活状态满意与否所做的主观评价。人际交往是影响个体生活满意度的重要因素之一，较高的生活满意度，有利于个体产生主观的幸福感，以一种更积极的态度进行社会交往活动。"象牙塔"里的学子成为博主且在短视频领域取得一定成绩，获得他人关注，令他们收获了极大的成就感，不仅心理上得到被关注的满足，在物质上也获得了相应回报。

> 虽然很辛苦，但是我会觉得很充实，算是实现了一部分人生价值吧，最开始我就想做这个东西，当时和我几个很好的朋友讲，他们都说好，但是没人去执行，后来我就自己做了，算是完成了很早以前的一个小愿望，也获得了一些人的认可。在社会上讲面子是很俗的，虽然很俗，但是大家都需要这个东西，周围的人觉得你做得不错，在亲戚朋友眼中我是不需要家里人再养着的，以前可能每个月还要找家里要点生活费，现在不会了，反而是父母过生日、逢年过节的时候还会给他们买个礼物、发点红包，会让家里人觉得会有回报，也可以尽孝。（A1，2021/10/2）

> 和好多铁粉天天互动交流，然后我去四川的时候还请他们吃饭，我当时感觉做这个东西好有成就感。（B1，2021/10/10）

> 其实收获了蛮多，起码经历过，虽然签了公司后悔，但经历过以后，再有公司来的时候，你就会学会怎样去面对它。（B3，2021/10/21）

大学作为最后的校园生活，距离现实社会也最近，学生们渐渐脱离了中学时代的懵懂，有了自我的发展目标，追求自我发展必然是值得肯定的，但是与此同时，在这个过程中却暴露出疏离校园、过早社会化的现象。无论是对班集体事务的漠不关心，或者是对学业的身不由己，都使他们错失了最宝贵的校园时光，过早进入现实社会，繁忙的工作加之疲惫不堪的身体，令他们产生失落感，羡慕依然身处校园的同学。

> 我每次看到考研的同学都很羡慕，我也纠结要不要考研。优秀的人会愿意与更优秀的人一起玩，我只能把自己变得更优秀。（B1，2021/10/10）

> 有的时候自己也会想，四年之后我毕业了，再回想我的大学生活，好像就只有那一年在宿舍和大家一起打打闹闹，会觉得我的大学一片空白，肯定会有这个想法，但是我只能做出现在我认为较好的选择，我没办法。其实说实话，我现在这件事情也做得不好，比如说我今天更新不出来好的视频，今天他们写的本子我觉得不是很满意，但是我又没有时间去修改，就这种无奈。我也羡慕你能写毕业论文，去答辩，万一哪一天我毕不了业，怎么办？（A5，2021/12/7）

> 不只是拍，剪辑、谈客户，所有的事情都是我一个人做，真的很累，365天，只有两天是没有任何工作的，连睡懒觉都很少，我得早早起来，得剪视频。要是不早点起，今天的工作量可能就完成不了，晚上要做到十一二点才能结束，上学期间，我都没有看一部电视剧，大

家都在刷剧。在外面有的时候工作上会受委屈，有的时候会看到比如网友不好的评论，都会让我很不开心，但是每次回到学校，学校的很多事情就是很美好，很单纯。我一直和我室友讲，说我的大学就是我的拉萨，我的寝室就是我的布达拉宫，因为社会好浮躁，一些人际交往、人情冷暖我挺不喜欢的。（A1，2021/10/2）

走出校园、进入社会是"象牙塔"学子们在生命历程中的重要转折点。一方面，在短视频生产传播实践中，学子博主们经历了社会资本的不断碰撞，并作用于生命历程之中，最后使他们在自我呈现、个人才艺的运用与创新、社会交往能力和个人潜力挖掘方面表现得更好，显现出更为自信的状态。另一方面，他们中的大多数人也受到了某种程度的伤害，往往比同龄人承受更大的心理压力。而在现实世界中，他们按照自认为的当下最好的选择努力生活着，通过对"象牙塔"博主们在短视频生产实践中的追踪与分析，使我们看到了在生理的、历时性的社会中，个人的生活是如何被系统性地组织起来的，由此产生的社会网络是如何影响着个体的思考、感觉和行动的。个人的发展牢牢嵌入生命历程之中，不仅受到主观因素的影响，其所处的不断变化着的经济、文化、社会结构同样发挥着重要作用。

第六章　"象牙塔"博主们在短视频生产实践中的社会资本优化路径

　　借助"社会资本"的概念，本研究讨论了"象牙塔"里的博主们在短视频生产与实践过程中的社会资本状况，研究发现大学学子借助于短视频这一媒介，形成了其独特的社会关系网络，比同样身处"象牙塔"的其他同学拥有了更为广泛且特殊的社会资本，但这些社会资本也在他们的个人成长中不断发生碰撞，在社会资本"获得"与"被控制"中逐渐陷入两难境地，大学生与社会人之间的身份冲突带来的困惑一时之间也无法摆脱。上一章对学子短视频博主所获得社会资本的碰撞进行了具体而深入的分析，在此基础之上，本章将借鉴休梅克（Pamela J. Shoemaker）的大众传媒把关五层次模型，即个人层次、媒介工作常规层次、组织层次、媒介外社会机构层次和社会系统层次，并结合"象牙塔"博主们短视频生产实践情况，从个人层次、平台常规层次、平台组织层次、平台外在社会机构层次和社会系统层次五个方面为

"象牙塔"博主们解决短视频生产中的社会资本碰撞与困境提供一些有益的路径指示，以期促进短视频行业的良性发展。

一、个人层次

通过梳理既有研究，发现性别与年龄、受教育水平、精神状态与消费水平、性格与观念、婚姻、家庭规模等个人因素均会对社会资本产生重要影响。因此，个人层次是优化社会资本不可或缺的观照维度。"象牙塔"博主们在短视频生产实践中应从适当反连接、提升文化水平、树立价值观等方面探寻自身社会资本的优化路径。

1. 适当反连接，平衡"两型"关系网络

在结构资本方面，本研究通过对"象牙塔"博主们经由短视频生产实践构建的社会关系网络进行分析，考察其社会关系网络的构成情况、与网络中成员的关系、社交网络的丰富程度及权力配置。"象牙塔"博主们在短视频生产中的社会资本碰撞与困境在很大程度上是由于地域型关系网络和脱域型关系网络的失衡所导致的。

作为一种全新的媒介，短视频除了具备传统媒介的功能之外，还利用大数据算法技术勾勒用户画像，根据用户特征筛选信息，进行内容精准分发，推送用户感兴趣的内容，极大地增强了用户黏性。与此同时，短视频也满足了用户自我表演、自我呈现的心理需求，极易导致用户长时间使用短视频

应用，沉迷于它所构造的虚拟环境之中，进而造成 "短视频成瘾"。虽然从情感沟通、社会支持、社会资本等角度看，强关系、强互动或许能给人们带来更多回报，但是过多的强关系线索、过于频繁的互动，又容易出现让人们产生倦怠与压迫感、"圈层化" 对个体的约束及对社会的区隔、线上过度连接对线下连接的挤占、人与内容过度连接的重压、向 "外存" 迁移的记忆与难以保护的隐私等问题。[①] "象牙塔" 博主们对短视频生产实践的过度投入。一方面是沉迷于虚拟角色，享受被看到的满足感，进而努力保持在短视频中的人设，满足粉丝的观看需求，以获得更多的流量，心理负担逐渐增加；另一方面是疏离现实的社会网络，导致现实生活中强关系不断弱化。

为了构建良性社会关系网络，"象牙塔" 博主们应培养适度的 "反连接" 媒介素养，以平衡 "两型" 关系网络。反连接并不是无条件切断所有连接、封闭个体，而是在一定的情境下断开那些可能对个体产生过分压力与负担的连接链条，使个体恢复必要的私人空间、时间与个人自由。[②] 在深度访谈和参与式观察中，我们发现绝大部分 "象牙塔" 博主们都存在过度连接问题，以逃课、不交作业、缺席考试，甚至放弃学习为代价，远离校园生活，使原本应以学业为重的大学生沦为夜以继日、奔波事业的短视频 "数字劳工"。大学生短视频博主应培养自身的判断与自制能力，防止连接的泛滥，既

---

① 彭兰. 新媒体用户研究——节点化、媒介化、赛博格化的人 [M]. 北京：中国人民大学出版社，2020：142 – 148.
② 彭兰. 新媒体用户研究——节点化、媒介化、赛博格化的人 [M]. 北京：中国人民大学出版社，2020：148.

做到维持线上关系网络，又能够弥补弱化的地域型关系，创建一个健全的信息环境与社会环境，为自身的自由、均衡发展提供更好的铺垫。首先，需要维持线上已拥有的关系网络，博主们通过在短视频这一块小屏幕中的表演，结识了来自五湖四海、各个年龄段的新朋友，获得了庞大的弱关系连接，拓展了自己的社交范围，也从中收获了群体认同感。因此，需要维持短视频场域中的关系网络，以便创造社会资本。其次，还需要弥补被忽视的线下强关系，博主们逐渐疏远校园生活以及短视频屏蔽家人的行为，往往会造成许多不必要的误会，导致强关系不断弱化，作为一个独立的社会个体，参与现实生活的社会化是必不可少的，因此亟须正视虚拟的媒介环境与现实生活的区别，在现实生活中找准自己的定位，加强与现实关系网络的沟通，使自我更快更好地融入现实社会，实现自己的社会价值。

2. 持续提升教育水平，利用文化资本的转化价值

已有研究证实，教育水平是影响社会资本获得的重要因素。美国社会学家兰德尔·柯林斯（Randall Collins）认为教育是被用来限制角逐社会和经济有利地位的候选人的一种稀缺资源，教育的结果可以影响人们的社会地位的获得，制约一定社会的阶级和阶层的结构的形成。[①] 美国未来学家阿尔

---

① 兰德尔·柯林斯. 文凭社会：教育与分层的历史社会学 [M]. 刘冉，译. 北京：北京大学出版社，2018.

文·托夫勒（Alvin Toffler）指出，随着知识的升值变得至关重要，人类社会开始步入知识经济社会。在这种情况下，权力发生了转移，从有钱人的手中转移到有知识的人手中，从而"知识和权力之间形成了一种逻辑关系图式"。[①]

如前文所述，"象牙塔"博主们在短视频生产实践中的社会资本转化路径之一即是以文化资本为核心的资本转化，他们利用文化资本建立社会信任，运用文化资本强化关系网络，挖掘文化资本实现经济价值。但是在娱乐至死和消费主义盛行的短视频场域中，有部分大学生短视频博主为了吸引流量、追逐利益，开始迎合受众、商家和平台需求，放弃短视频生产实践的主导地位。文化资本是大学生短视频博主区别于其他类型短视频博主的最大优势，在优化社会资本的过程中，"象牙塔"博主们应维持并持续提升教育水平，利用文化资本的转化价值。

首先，"象牙塔"博主们应不断汲取专业知识和先进文化。身体化形态的文化资本是一种精神和身体的结合物，具体包括知识、教养、气质、品位等，其获得的过程是漫长的，需要通过劳动，而无法通过买卖、交换和馈赠等方式取得。大学生短视频博主应不断汲取专业知识和先进文化，获得布尔迪厄所说的"象征性利润"，即他们的尊敬和好评。其次，将身体化形态的文化资本融入短视频生产制作中。短视频作品是一种客观化形态的文化资本，在新媒介技术快速发展的

---

① 阿尔文·托夫勒. 权力的转移 [M]. 吴迎春，博凌，译. 北京：中信出版社，2006：12.

当下，短视频作品不仅表现形态更加丰富，而且还能够根据用户画像提供更加精准的内容，但是流量并不是评判短视频作品优劣的唯一标准，只有具备高质量原创内容、制作精良，富有先进思想文化的短视频作品才是更长久、更稳定的客观化形态文化资本。再次，完成学业，获得制度化形态文化资本。作为制度化形态文化资本的文凭，具有文化的、约定俗成的、经久不变的、合法的社会价值和社会权力①，具有与经济资本相同的交换功能。虽然生产制作短视频会花费大量的时间和精力，但是"象牙塔"的博主们不能顾此失彼，依然要完成学业，取得文凭，不断进行文化资本的循环积累，获取具有优势的社会地位。

3. 树立正确价值观，提升自我保护意识

近年来，短视频行业呈现出井喷式发展态势。根据中国互联网络信息中心（CNNIC）第 50 次《中国互联网络发展状况统计报告》的数据显示，截至 2022 年 6 月，短视频用户规模达到 9.62 亿，占网民整体的 91.5%，无疑成为巨大风口。高校大学生成为短视频领域的新生力量，除了社会交往、娱乐分享、促进其他社会实践完成等目的外，收获流量背后的经济利益也成为不可忽视的重要推动力。面对巨大的用户规模，"象牙塔"博主们应树立正确价值观，在娱乐至死和消费主义盛行的短视频场域中，也能够保持清醒头脑，生产具有正确

---

① 布尔迪厄. 文化资本与社会炼金术：布尔迪厄访谈录 [M]. 包亚明，译. 上海：上海人民出版社，1997：193 页。

价值取向的优质视频内容，实现社会效益与经济效益的双赢。

与身处"象牙塔"的其他同学相比，将个人暴露于短视频平台的博主们，往往面临更多的社交风险。学子在短视频平台积累社会资本的同时，也应提升自我保护意识，提高识别社交风险的能力，构建良性社会关系网络，避免被不法分子利用，造成社会资本流失。首先，需警惕个人信息泄露。许多短视频博主在作品中往往会无意暴露涉及隐私的个人信息，有时为了"抢"到本地流量，还会自动定位视频拍摄地，这些个人信息是否会被有心之人利用，始终是未知数，因此在视频发布前需要仔细检查是否暴露相关个人信息，若出现上述情况，应及时修改视频内容，避免造成个人损失。其次，需增强法律意识，寻找优质合作伙伴。访谈中，个别有签约公司经历的博主都谈及了进入短视频行业初期，由于社会经验匮乏，过于盲目乐观，过分相信合作者，从而导致因法律意识淡薄造成的个人财物及名誉损失的教训。虽然随着账号规模不断扩大，商业化发展在所难免，但寻找合作伙伴依然不能掉以轻心，在双方合作前应熟悉相关法律规定，与对方签订具有法律效应的合同，必要时运用法律武器保护自己的合法权益，以维护个人社会资本积累。

二、平台常规层次

根据休梅克对媒介工作常规层次的定义，本研究认为平台常规是模式化的、常规化的、重复进行的实践形式，平台工作者运用这些形式从事工作。短视频平台的算法模型、规则规范等常规层次直接影响着社会资本的规范层面，对短视频生产者具有极其重要的引导意义。

1. 调适算法模型，优化内容推荐

面对用户信息超载和长尾问题，短视频平台纷纷投身算法精准推荐的实践，从"千人一面"的大众化传播转变为"千人千面"的个性化传播，有效实现海量内容与用户需求的精准匹配。目前，短视频平台主要使用基于内容的算法推荐机制、基于协同过滤的算法推荐机制和基于内容热度的算法推荐机制三种模型。

基于内容的算法推荐机制主要是通过内容标签建立相关性链接，其核心思想是根据推荐信息内容的元数据，发现信息内容的相关性，然后基于用户以往的偏好记录，推荐给用户相似的信息内容。基于内容的推荐机制一般只依赖于用户自身的行为偏好提供推荐内容，不涉及其他用户行为，无须获取其他用户资料，推荐结果直观易懂、信服度较高，不存在流行度偏见，可以为具有特殊兴趣爱好的用户推荐罕见特性的信息内容，但是却存在推荐内容同质化程度过高、对于复杂属性的相似度匹配存在处理困难、新用户的"冷启动"等问题。

基于协同过滤的推荐机制主要是根据群体用户对内容信息的偏好，发现用户之间的相关性，或者是内容信息之间的相关性，然后再依据这些关联性进行推荐。基于协同过滤的推荐机制不是仅仅基于个体的历史行为数据推送契合其兴趣爱好的同质化内容，而是通过"人以群分"和"物以类聚"的方式来发掘目标用户的潜在兴趣偏好，这在一定程度上可以打破"信息茧房"的束缚。协同过滤的推荐机制还会面临可扩展性问题，一方面可用于分析处理的数据量越大，推荐的准确性相对越高；另一方面数据量的大大增加会使算法的扩展性问题凸显，如果解决不好，将会直接影响系统实时推荐的准确性。数据量的大大增加还会加剧人类对机器的依赖，在"算法黑箱"式的代码运行中，权力越来越存在于算法技术之中。推荐结果解释力的缺位意味着用户失去对阅读内容的控制力，在无法获得推荐理由的情况下，被迫将信任交付给基于黑箱模型的算法和掌握技术权力的平台，这在某种意义上可以看作机器的异化。①

基于内容热度的推荐机制是依据平台收集大量内容的互动数据，然后按照热度值的大小对热点话题进行排序，计算出实时热度最高的内容推荐给用户。② 平台主要参考初始热度、互动热度、时间衰减、权重等要素计算内容热度，并依据热度排序将 TOP-N 的信息内容推送给相关用户。基于内容热度推荐机制可以不依赖用户的历史数据，对新用户也可以进行内容推荐，甚至可以通过一些优质内容榜单吸引新用户，给新用户推送时下热度最高的内容可以大概率提高新用户的留存率，维持老用户活跃度。但是基于内容热度推荐机制也

---

① 陈昌凤，师文. 个性化新推荐算法的技术解读与价值探讨 [J]. 中国编辑，2018 (10).
② 李情情. 基于话题热度的微博推荐算法研究 [D]. 济南：山东师范大学，2016：37.

存在信息内容质量与热度不一定呈正比的问题，一些虚假新闻、低俗信息可能因为刷数据、买数据等造假行为而推上热搜。此外，基于热度推荐的信息内容不一定能够满足用户的个性化需求，长尾效应无法得到充分激活，内容的商业价值没有得到完全体现。

分发内容个性化在精准满足用户信息需求的多元化和差异化，提高内容分发效率的同时，也屡屡挑战主流价值观，信息茧房、公共性缺位、算法偏见等弊端引发了一系列社会问题。短视频平台应不断优化算法模型的顶层设计，算法权重的排列次序与运算规则体现了平台企业的价值判断和情感取向。短视频平台在追逐流量和经济利益的同时，应切实把社会责任有效转化为算法的优先准则，提倡人文价值对算法价值观的外部矫正，传播主流价值观，恪守公序良俗，增强信息聚合与共享能力，实现社会效益与经济效益的统一与双赢。在平台算法运行方面，调适算法要素权重，采取"智能推荐＋人工把关"的方式，建立科学的算法机制以兼顾个性化和公共性。通过算法机制推送符合主流价值观的正能量内容，预警或屏蔽低俗违法内容和相关账号。在平台算法迭代方面，一方面从小处着眼，对算法模型和算法要素进行渐进式的微迭代；另一方面推进快速迭代，及时根据用户反馈、市场需求、技术发展等现状，快速修正平台算法。

2. 完善规则规范，加强平台管理

随着短视频行业的快速发展，有关短视频的管理规范和治理体系不断。政府部门和行业组织出台了多个管理规范文件，比如国家广电总局和信息产业部于 2007 年 12 月 29 日发布《互联网视听节目服务管理规定》。仅 2021 年，中宣部、国家网信办、广电总局等多部委出台 30 多个涉及短视频监管规范性文件；网络视听领域唯一的国家级行业组织中国网络视听节目服务协会分别于 2019 年 1 月 9 日和 2021 年 12 月 15 日发布《网络短视频平台管理规范》和《网络短视频内容审核标准细则》。

在对短视频监管治理提档升级的同时，依然存在以事后治理为主，短视频平台自身规则规范缺位的问题。比如，2018 年 4 月，央视《新闻直播间》节目报道点名在"快手"短视频平台上存在大量未成年人孕妈炒作炫耀视频，该平台不但没有对此进行处理，还通过智能推荐系统将相关内容推送给其他用户，成为"未成年妈妈"低俗视频内容广泛传播的背后推手。事后，快手在官方微博中回应已查删了数百个以低龄怀孕进行炒作的视频，对个别影响恶劣的账号直接封号，关闭关联推荐功能，在搜索入口进行拦截，增补了审核规则，升级人工智能识别系统，发现用户上传相关内容，将对上传账号立即处理，严重者直至封禁。目前，我国的短视频平台开放准入门槛较低，事前把控程度较低，一般是问题曝光之后才按照相关规定进行监管治理。为遏制低质低俗内容的广泛传播，除了政府部门和行业组织的监管治理外，短视频平台自身应建立并完善规则规范，变事后治理为事前规范和事中监管相结合。

一方面，完善事前注册准入机制和内容推送机制。《网络短视频平台管理规范》规定，网络短视频平台实行节目内容先审后播制度。为切实落实先审后播制度，短视频平台应根据自身实际情况，建立并完善相关管理规范，对上传视频内容的主体实行注册准入机制，实行实名认证管理制度，建立未成年人保护机制，采用技术手段对未成年人在线时间予以限制。不断完善内容推送机制，优化算法要素与权重，更新敏感词库，建立政治素质高、业务能力强的审核员队伍，不断提升短视频内容质量，遏制错误虚假有害内容传播蔓延。另一方面，建立短视频平台的事中监管机制。短视频平台应及时受理与处理相关问题，让广大网民参与到内容监管中，构建事中监管长效机制。根据《抖音2021年第四季度安全透明度报告》，为整治同质化博眼球文案、借热点事件恶意营销等违规现象，抖音安全中心上线"粉丝抹除"和"同质化内容黑库"功能，处置违规账号和清理违规视频；上线"启动当事人及时保护"和"挖掘分析蹭热度内容"功能，实施热点事件当事人保护机制，对相关主播进行精准管理，处置违规主播和封禁相关蹭热点账号。通过事中监管开展重点治理，进一步规范内容的制作与发布，营造一个规范、有序、健康的网络环境。

此外，短视频平台还存在内容监管多，综合管理少的问题。无论是国家层面中央网信办开展的"清朗·整治网络直播、短视频领域乱象"专项行动、中国网络视听协会发布新修订的《网络短视频内容审核标准细则（2021）》，还是地方层面的《广东省未成年人保护工作领导小组关于加强未成年人保护工作的实施意见》《关于加强知识产权强省建设的行动方案（2022—2024 年)》，抑或是短视频平台层面的《抖音直播平台管理规定》《快手"短剧"类小程序内容/质量规范治理公告》等，都是聚焦内容监管和版权方的治理。为了实现短视频平台的可持续发展，平台需要从单一的内容治理转变为综合的全面管理，监管治理范围覆盖至数据管理、技术管理等多个维度。

2022 年 7 月，国家互联网信息办公室依据《网络安全法》《数据安全法》《个人信息保护法》《行政处罚法》等法律法规，就数据安全问题对滴滴全球股份有限公司处人民币 80.26亿元罚款，这无疑为短视频平台的数据管理敲响警钟。短视频平台为勾勒精准的用户画像，追踪并记录了大量的用户行为数据和人文数据。当下隐私保护法的中心思想是数据收集者必须告知个人，他们收集了哪些数据、作何用途，也必须在收集工作开始之前征得个人的同意。虽然这不是进行合法数据收集的唯一方式，"告知与许可"已经是世界各地执行隐私政策的共识性基础。[①] 但是随着短视频平台的飞速发展，数据集越来越大，在使用数据时获得每个人的知情同意是不可能的，很难保证数据对象的自主原则。[②] 大数据的价值不再单纯来源于它的基本用途，而更多源于它的二次利用和 N 次利用，这就会出现数据初始采集目的与数据使用目的不相容的

---

① 维克托·迈尔-舍恩伯格，肯尼思·库克耶. 大数据时代 [M]. 盛杨燕，周涛，译. 杭州：浙江人民出版社，2010：197.

② Fairfield, J. & Shtein, H. Big data, big problems：Emerging issues in the ethics of data science and journalism [J]. Journal of Mass Media Ethics, 2014, 29（1)：38 – 51.

问题，即使数据采集时已获得数据对象的知情同意，短视频平台从业者对数据的循环利用也很难每次都做到"告知与许可"。在"告知与许可"已经失效的大数据时代，短视频行业应聚焦数据管理维度，使数据使用与数据对象隐私保护之间达到平衡。

在技术管理维度，随着智媒时代的来临，智能技术已经深度介入短视频场域之中。在《网络短视频平台管理规范》中指出技术管理规范主要包括三个方面，即网络短视频平台应当合理设计智能推送程序，优先推荐正能量内容；网络短视频平台应当采用新技术手段，如用户画像、人脸识别、指纹识别等，确保落实账户实名制管理制度；网络短视频平台应当建立未成年人保护机制，采用技术手段对未成年人在线时间予以限制，设立未成年人家长监护系统，有效防止未成年人沉迷短视频。在智能推送、信息采集、未成年人监护的过程中，为防止出现利用算法技术过度推荐、干预信息、操纵排序、违规采集等不正当竞争行为，我国于2022年3月1日正式实施《互联网信息服务算法推荐管理规定》，成为全球首部针对算法推荐技术的部门规章。短视频平台应根据上位规章制度，结合自身实际情况，强化技术应用与管理的责任意识与安全意识，建立技术的分级分类管理规范和精细化监管体系，形成协同共治格局。

三、平台组织层次

平台常规层次聚焦许多平台共同的生产实践，而组织层次则强调可能因平台组织机构而异的因素。组织是"一个有疆界的、有适应力的、开放的社会系统，它存在于一种环境之中，同其各要素产生互动，并从事将输入转化为输出，后者对环境产生影响并对该组织自身产生反馈作用"。[①] 据此，短视频平台组织层次至少应包括平台自身转型和与其他行动者互动两个方面。

1. 推进平台转型，强化价值传播

当一家组织从可获得的信息条目总体中选取信息时，它也就创造了自己的符号环境。伴随着这样的选择过程，组织机构的特性本身也逐渐形成，并且不断地因其传播行为而产生变化。[②] 当前短视频平台竞争的白热化，"两超多强"格局趋稳，"抖快"博弈升级。抖音的定位特性为原创短视频分发平台，深度聚焦一二线城市年轻群体，以"记录美好生活"为平台调性，以搞笑新奇内容为主体，娱乐属性较强。快手的用户集中在北方下沉市场，以具有生活化场景的草根内容吸引用户，激发情感共鸣，用户与博主之容易形成较高信任度，社区互动性较强。小红书的用户多为一二线城市的精英女性，以真实体验和经历分享为主要内容，内容属性偏向实用性和价值性。在深度访谈和参与式观察中，研究发现各大

---

① 帕梅拉·J. 休梅克. 大众传媒把关 [M]. 张咏华，注释. 上海：上海交通大学出版社，2007：83.
② 帕梅拉·J. 休梅克. 大众传媒把关 [M]. 张咏华，注释. 上海：上海交通大学出版社，2007：83－84.

短视频平台通过垂直化内容定位来建构自身的核心竞争力，"象牙塔"的博主们也倾向于用固定风格和垂直内容来契合平台特性，获得更大的传播可见度。而垂直固化、泛娱乐化、浅层化内容极易导致用户审美疲劳，造成用户逐渐流失、平台信誉受损等问题，不利于短视频平台的长期可持续发展，也不利于"象牙塔"博主们的关系网络和社会信任的形塑。

短视频平台应推进平台转型，强化价值传播。在内容属性上，兼具垂直化与多样化。一方面，在市场逐渐趋于饱和的竞争态势下，短视频平台亟须转变同质化叙事模式，针对用户细分，在垂直领域深耕细作；另一方面，在垂直化基础上向新闻资讯、生活服务、文化传承等参与社会建构的轨道上拓展[1]，从社交属性过渡到内容属性，推动"短视频+"领域的交叉融合，形成多样化的产品矩阵，让"象牙塔"的博主们能够在泛内容化、泛知识化的过程中更加充分发挥以文化资本为核心的社会资本转化。在盈利模式上，短视频平台应不断拓展功能服务，深度嵌入社会生活与产业结构，充分挖掘功能价值、情感价值、社交价值和学习价值，为用户提供多元化的价值服务，从广告收入、内容电商、网红带货模式拓展至知识付费、大数据增值服务等方面。

2. 明晰平台角色，构建行动者网络

长久以来，平台、MCN、博主、商家处于一种依赖关系，

---

① 黄楚新. 我国移动短视频发展现状及趋势 [J]. 人民论坛·学术前沿, 2020 (5).

然而随着竞争加剧、监管升级、流量见顶，一方面 MCN 机构及旗下博主为追逐流量而上传违规虚假内容，损害平台内容生态；另一方面 MCN 机构及博主绕开平台，直接与商家合作对接，影响平台商业发展。2022 年 1 月，小红书因虚假推广等问题对微媒通告、成宝、南京贻贝四家通告平台和 MCN 机构提起诉讼。如何构建行动者网络，推进短视频生态良性发展成为平台组织层面亟待解决的问题。

而随着短视频平台深度嵌入社会生活与产业结构，其所面临的关系网络会更加复杂，行动主体包括博主、用户、运营人员、技术人员等个人行动者，短视频平台、政府部门、MCN 机构、商家、其他资讯平台等组织行动者，技术、资金等物质范畴行动者和政策、法律、市场等意识形态行动者。行动主体的异质性、利益的多样化、矛盾的复杂化都为短视频平台推进行动者网络的建构带来不确定性。

在行动者网络中，短视频平台不再是一个孤立的娱乐社交平台，而是联通社会资源，促进形态创新、功能拓展、服务升级，更具连接性和中介性的平台。短视频平台应作为核心行动者，通过多种机制和策略让多元主体在行动者网络中各司其职、协同参与。首先，探寻各类行动主体为实现短视频生态良性发展这一目标所面临的现实困境，设置"强制通行点"，即既能实现自身目标，又能满足其他行动者利益的关键问题。其次，揭示利益和资源的分配机制和执行策略，厘清各类行动者的新角色、新功能和新关系，阐明短视频平台在征召行动者加入利益联盟网络中的协商过程和行为策略，分析行动者赋予的行动任务。再次，为充分发挥行动者的积极性，短视频平台应开展专项整治，细化标准措施，出台行动者完成行动任务应采取的保障策略和激励机制。最后，探索在行动者网络形成中，各类行动者可能持有的不同意见和观点，并提供网络利益的整合机制，以维持行动者网络的稳定运行。

3. 出台专项扶持，鼓励大学生参与创作

近年来，短视频平台已推出多项扶持计划，比如"Vlog扶持计划""美食家计划""新农人计划"等，通过流量推送和认证奖励等方式，鼓励创作者从事优质量、高产量的内容生产，并培育出"中华小鸣仔""康仔农人"等千万级粉丝博主。大学生既拥有文化资本优势，又具有参与短视频创作的热情，短视频平台应针对"象牙塔"博主出台专项扶持计划，除给予流量推送和认证奖励之外，还应聚焦这一特殊群体的特点与需求，提供培训实习、运营推广等方面的支持和服务。

围绕大学生贴近校园生活的短视频创作内容，短视频平台通过专业机构参观实习、业界导师对话指导、优秀同行经验交流等途径，为大学生提供拍摄设备、技术方案、内容策划、创作技能等方面的专业指导。比如 2022 年 9 月抖音和西瓜视频上线的"全国大学生新视频创作计划"中，为提升大学生的视频创作质量，活动邀请了中国影视业众多优秀的导演、编剧、制作人组成创作辅导团，增加校园创作者与影视一线专业主创交流对话机会。这些培训实习有利于大学生突

破内群体的局限，连接更广阔的异质网络，提高社会资本的质量与数量，优化个人的社会资本结构。短视频平台还要成立专项扶持基金，为大学生提供优质原创内容生产的启动资金，与互联网平台、MCN 机构、主流媒体等建立互动合作关系，建立多元平台推广网络，不仅在线上拓展优质视频内容的传播范围，而且定期开展线下展映交流、宣传推介等活动，让"象牙塔"博主们在广泛的社交活动中获得更多的社会资源。

四、平台外在社会机构层次

1. 受众提升媒介素养，构建理性参与文化

根据广电总局监管中心、中广联合会微视频短片委员会联合发布的《2021 中国短视频行业发展分析报告》数据显示，2021 年短视频用户人均单日使用时长增至 125 分钟，用户黏性继续增强；短视频平台上，1～5 分钟内容仍占绝对优势，达 85%；热门短视频中，社会、时政类内容占到近半数，表明短视频已成网民获取新闻资讯的重要渠道。[①] 面对短视频平台上的海量内容和繁杂信息，作为集生产者、消费者、传播者于一体的受众容易出现审美趣味感性化、低俗化和功利化，认知判断情绪化、浅层化和偏差化等问题，造成猎奇娱乐、博人眼球的内容备受推崇，人身攻击、戏谑恶搞的现象

---

① 2021 短视频行业发展分析报告 [EB/OL]. [2022 - 11 - 19]. https：//new. qq. com/rain/
a/20220815A0486R00.

常有发生，揭人隐私、造谣传谣等行为屡禁不止。为营造清朗的网络空间，受众应提升媒介素养，构建理性参与文化。

1992 年，美国媒介素养研究中心将"媒介素养"定义为人们面对媒介各种信息时的选择能力、理解能力、质疑能力、评估能力、思辨性应变能力以及创造和制作媒介信息的能力。① 2005 年，美国新媒介联合会提出"新媒介素养"的概念，是指由听觉、视觉以及数字素养相互重叠共同构成的一整套能力及技巧，包括对视觉、听力力量的理解能力，对这种能力的识别与使用能力，对数字媒介的控制与转换能力，对数字内容的普遍性传播能力，以及轻易对数字内容进行再加工的能力。② 在短视频场域中，受众需要增强对视听内容的生产、理解、表达与传播能力，媒介素养维度已从单向的信息获取拓展至双向互动的信息传受，受众、学校、媒体、政府等主体应协同建构媒介素养教育体系，提升受众自身的知识素养、反思能力和技能水平。作为内容"导体"的个人化节点，受众可以从科研院所、组织机构、网络平台等渠道获取知识学习资源，提升科学素养，提高认知水平和判断能力，能够识别低俗信息、虚假信息和网络谣言，做到不转发、传播和扩散，通过举报等方式自觉抵制不良信息，不造谣、不信谣、不传谣。学校应根据受众的年龄和特点，分阶段开办媒介素养公共教育，提供理论指导、政策支持、专业实践等

① 张开. 媒体素养教育在信息时代 [J]. 现代传播，2003（1）.

② A Global Imperative：The Report of the 21st Century Literacy Summit [EB/OL]. [2022-12-01]. https：//files. eric. ed. gov/fulltext/ED505105.

课程，打造线上与线下相结合的教学方式，尽快建立一支集学界与业界、兼具理论与实践的高水平、跨学科师资队伍。媒体应承担起传播媒介素养的责任和义务，弘扬主流价值观，引领正确舆论导向，揭示过度商业化和娱乐化内容，培养公众的批判和思辨思维，让公众将媒介素养知识内化为一种自觉性行动。政府要高度重视受众的媒介素养教育，并将其纳入公民素质教育和社会主义精神文明建设的基本组成部分，进一步完善法律法规，加强对短视频平台的监管，有法可依是提高媒介素养的硬性保证。[①]

2. 学校积极引导，正确看待"网红经济"

近年来，"大众创业、万众创新"受到全社会重视，大学生"双创"活动早已呈现蓬勃发展之势。然而对于大学生而言，究竟是坚守学业还是选择创业，自己难以作出正确的权衡与评判，有选择继续学业，将短视频当作生活调味剂的学生；有选择短视频创业，并且取得不错成绩的学生；也有在短视频创业的过程中选择了错误的道路，最终不得不退场的学生。成功是不可复制的，个人发展永远要选择最适合自己的道路，然而大学生由于缺乏实践经验以及对于自身和社会的全面认知，往往难以抉择。一方面他们清楚学习的重要性；另一方面也无法完全放弃自己的兴趣爱好，且无法同时兼顾

---

① 周春法. 新技术环境下的媒介素养及提升路径 [EB/OL]. [2021 - 12 - 10]. http://m. cssn. cn/zx/zx_bwyc/201811/t20181101_4768516. htm.

学业与创业。在这一背景下，学校如何引导博主们做出正确的个人发展选择，走出象牙塔，拥抱职场，是一个相当现实的话题。

学校在进行专业课程教学的同时，应引导学子树立正确的价值观念，认清自身优劣，审时度势，了解国家相关就业政策，做出正确的就业选择。学子择业期间，学校及院系应提供相关择业指导，及时发布各类与本专业相关的就业信息。可邀请短视频行业从业人员开展讲座交流等，引导学生正确地了解短视频行业，纠正其错误观念以形成正确的价值观，加强职业道德和伦理的培养。同时，教育学生理性看待"网红经济"，"网红经济"本质即粉丝经济，将所吸引到的粉丝转化为购买力，从而实现商业变现，其基础便是高黏度的粉丝，但这也说明了"网红经济"基础不牢固的缺陷，一旦粉丝流失，便意味着博主价值的降低。由此可见，需要理性看待"网红经济"，不能盲目迷信，努力让社交媒体成为大学生发展的有力工具。针对将就业目标确定为短视频领域的学子，学校应引导学生规范进入行业，让学生了解从事短视频博主的职业规范，为其提供个性化的职业指导。

全面关注学生发展是大学校园的职责所在，心理健康教育也是大学教育中的重要一环。在新媒体环境下，信息传播扩散极其迅速，与此同时也产生了许多不同于传统的心理压力，如信息爆炸及网络舆论等，都严重影响着学生们的身心健康。在访谈过程中，大部分博主都讲述了自己在短视频制作传播过程中所感受到的巨大压力，有的来自网友的恶意评

论、诋毁，有的来自严苛的更新频率带来的创作负担，有的
则是合作商家对其寄予厚望而带来的心理负担。虽然原因各
不相同，但巨大压力带来的结果都是一致的，情绪低落、失
眠、长期熬夜。因此，学校需要针对新媒体环境的特点，聚
焦大学生正在使用的各类短视频平台，有的放矢地开展心理
健康教育，引导学生们正视短视频平台中可能出现的负面言
论，提高抗压能力，并充分利用社交媒体进行良性的交流互
动。同时与同学、老师和家人建立良好的人际关系，在遇到
心理问题时，主动获取及时的情感支持和社会支持。

3. 政府加强监管力度，调整社会资本结构

监管是现代市场经济国家的重要政府职能，是优化资源
配置与维护社会和谐的基础制度条件。[①] 从 2021 年起，国家
广电总局、国家网信办、国家版权局、工业和信息化部、公
安部等部门出台了一系列创新性措施、制度性安排和专项性
行动，对短视频领域进行综合治理整顿，我国短视频由此也
进入了强监管阶段，但是仍然存在规则规范缺乏，多为事后
治理；引导性手段匮乏，多为禁令性治理；全面管理不足，
多为内容治理等问题。为建立长效监督管理机制，政府有关
部门亟须针对短视频领域中的违法违规乱象进行立法规范。
对自短视频实施监管治理以来的经验加以总结，使法律条文
具体化、明确化、全面化，从而提升法律的可操作性，对在

---

① 郭丽岩. 提升现代监管治理能力 [N]. 经济日报, 2021 – 09 – 30 (10).

短视频生产和传播中出现的新问题和新现象要与时俱进，及时修改完善相关法律法规，通过立法引导博主遵守内容产制规则，规范平台的运营和管理机制，构建良性的短视频发展环境，为"象牙塔"博主们参与短视频生产"保驾护航"。在监管过程中还应加强技术创新，通过人工智能技术和大数据技术，对文本、图片、音频、视频、网页和文档等进行智能检测，提升敏感内容、诈骗导流、流量作弊、支付风险等的识别能力和风险预警水平，对违法违规内容和行为进行即时阻断，并责令平台立即整改，避免事态持续发展恶化。政府有关部门在强化禁令性管理规范的同时，还需兼具引导性创新手段，比如设置奖项，鼓励原创。政府具有权威性和公信力，可以设置官方的评奖赛事，鼓励用户创新和平台创新。短视频奖项的设立对于内容的制作与发布具有规范作用，奖项评选的准则对短视频的发展具有引导和参考作用，评选出的优胜者也彰显榜样作用。①

中国正处在转型时期，长期实行的高度集权的计划经济体制导致宏观的国家机构与微观社会个人结构"断裂"。② 在"象牙塔"博主参与短视频的生产制作过程中，政府需要发挥调节作用，通过建立一个既有利于国家可持续发展，又有利于"象牙塔"博主个人发展的自主合作型社会关系网络，来解决他们在短视频生产实践中的社会资本碰撞与困境。比如，调整社会资本结构，给予大学生博主一些制度化支持，为其

---

① 吕鹏，王明漩．短视频平台的互联网治理：问题及对策 [J]．新闻记者，2018（3）．
② 卜长莉．社会资本的负面效应 [J]．学习与探索，2006（3）．

创造资本流通的环境，建立行业协会、中介机构、孵化部门等支持体系，促进资源的适度流动，维持并发展他们的社会资本。

五、社会系统层次

在社会系统层次上运作的一些最重要的力量会形成其他层次影响力的基础。[①] 在短视频生产场域中，社会文化和社会认知是社会系统层次上的两大重要力量。

1. 坚持主流文化主导地位，推动主流文化大众化

当代中国经历了数次社会结构转型，文化景观的变迁呈现为一种从封闭到开放，从一元到多元的格局与趋势。[②] 20 世纪 90 年代，在市场逻辑主导下的大众消费主义文化快速发展，不同于以往的精英范式，这一阶段的媒介文化消解宏大叙事，淡化教化功能，呈现出世俗化、娱乐化的特点。进入 21 世纪，中国社会结构呈现出多向度裂变态势，政治精英、经济精英和文化精英的结盟与社会中低阶层的急剧坠落，使得社会的各个部分越来越难以形成一个整体社会。[③] 在互联网技术的推动下，参与式文化大行其道，原本消极被动的受众

---

① 帕梅拉·休梅克. 大众传媒把关 [M]. 张咏华, 注释. 上海：上海交通大学出版社, 2007：106.

② 孙卫华. 当代中国社会转型与传媒文化景观的变迁——一种历时性的梳理 [J]. 海河传媒, 2022（1）.

③ 孙立平. 我们在开始面对一个断裂的社会？[J]. 战略与管理, 2002（2）.

转变为集生产者、消费者和传播者于一体的积极主动的用户，凸显出去中心化、个性化、开放性和共享性的草根文化特点，形成具有解构、分化、戏谑、狂欢等特征的网络文化。文化与传播具有内在统一性，一方面，文化规定了传播的内容、方式、方法及传播方向、效果；另一方面，传播以符号化、意义化的方式呈现着文化，作为文化的活性机制而存在。[①] 在消费文化与奇观文化的笼罩下，那些能够迎合受众娱乐化、碎片化、个性化等信息需求，能够营造快感体验的短视频内容总能够获得较高的传播可见度，而这些短视频中的视听符号又会进一步形塑文化意义。布尔迪厄曾指出，符号是一种建构现实的权力，这种隐形权力通过屈从者被支配的位置、学校、社会制度的共谋产生误认，即接受和认同这种人为的权威性和合法性。[②] 在短视频中凸显的高颜值、高消费、猎奇娱乐等符号会让观看者产生文化认知偏差，享乐主义、拜金主义、审丑文化在社会中盛行。

"象牙塔"博主们的短视频生产实践处于商业统合、娱乐至死与内容监管、价值规范的拉扯中。为避免社会资本的碰撞与博弈，首先政府、媒体、互联网平台等行动者要协同推进，构建新时代网络主流文化建设的管理体制和运行机制，重塑主流价值观的引导力和影响力；其次要处理好主流文化与非主流文化的关系，在尊重文化多元性与差异性的同时，

---

① 单波. 现代传媒与社会、文化发展 [J]. 现代传播，2004 (1).
② 张意. 文化与符号权力：布尔迪厄的文化社会学导论 [M]. 北京：中国社会科学出版社，2005：119.

坚持主流文化的主导地位。以主流文化引领非主流文化发展，对非主流文化中容易引发的道德失范、价值坍塌、理想缺失等问题予以及时引导和修正；最后要推动主流文化的大众化，通过丰富主流文化的表现形态、采取大众易于接受的话语表达等方式，增强主流文化的吸引力，让主流文化融入大众，只有实现主流文化的大众化才能实现其价值引导功能。在主流文化的引导下，博主、用户、商家、平台、MCN 机构等在短视频的生产、传播与消费中能够明确自身职责，真切感知主流文化价值的清晰鲜明，不偏离人的本性和基本的价值尺度。

2. 提升社会包容度，树立多元人才观

在认知资本方面，短视频生产实践行为有助于提升大学生的社会参与意识，实现个人价值，获得成就感。但针对在校大学生做短视频博主这一现象，现阶段社会的主流认知往往是无法接受的，大量社会舆论均发出质疑的声音，认为在校大学生不专注于学业，反而将自己大部分时间用在拍摄制作短视频上，这种方式不值得提倡，也不应该宣传，拍段子就是"低俗"、不务正业，单纯地想利用这种博眼球的方式，获得流量，挣快钱，这不是一名大学生应该做的事情。而且有人认为过度宣传校园短视频博主的成功经历，是在向广大在校大学生宣扬"读书无用"论，埋头苦读不如成为一名"网红"。这些过于偏激的批评对于校园短视频博主来说，不仅是一种心理上的伤害，更是在完全不了解他们的情况下，

过早地否定了他们的努力与付出。社会意识形态应该更具包容度，转变唯分数评价学生的固有观念，关注大学生所具备的更大可能性。

结合社会发展的实际情况，与时俱进更新人才观，是社会发展的必然要求。从以往追求高速发展，到如今强调高质量发展，被贴上各种条条框框的传统人才观念早已被社会抛弃，人才评价不再片面地强调高学历、高职务等标准，在当下社会中，人人皆可成才，淘宝主播李佳琦成为落户上海的特殊人才，快递小哥李庆恒获评"杭州高层次人才"，这些事例都充分表明如今社会的人才观更结合实际，更接地气。身处媒体融合的趋势之下，社会各界对新闻从业者的技能要求早已发生相应改变，评价新闻学子的人才观，也应更契合实际发展的需要，打破行业歧视与职业等级观念，将实践作为评价人才的标准之一，重视技能人才所发挥的作用。如今的短视频虽不能纳入艺术范畴，但已然成为人们生活中不可或缺的一部分，是人们沟通交流的重要形式之一，它在一定程度上成了一种通俗文化。虽然文化的概念常常被局限于严肃、高雅的内容，但实际上通俗文化也有其广阔的发展空间，短视频正是作为一种通俗文化产品而逐渐流行，满足了特定受众的需求。热衷于创作短视频的学子们，不仅通过短视频的制作传播加强了个人与社会的联系，也获得了一定的经济收入，与此同时，他们的作品或许能够让受众在紧张的生活中抽离片刻、会心一笑，或许能让受众感同身受，收获感动，只要视频内容呈现、价值立场正确，其存在对于受众而言便是有意义的。

随着市场经济的繁荣发展，人才对象的覆盖范围更广，社会应关注"象牙塔"博主价值。人才是一个很广阔的概念，大学生成为短视频博主，甚至是短视频平台中的"百万级别网红"，不仅仅是简单地在屏幕前随意表演，博取眼球，在几十秒的背后往往是长时间的精心策划和讨论。他们收获成千上万的粉丝，甚至超过了所在学校的在校学生总人数，这是在日常校园生活中拓展社交圈难以企及的规模。他们在自己擅长的领域，发挥自己的长处，满足他人需求，或是给他人带来欢乐，或是呈现清新的少年感，这些也不失为一种个人能力。同时，短视频博主在粉丝流量赋权下也具备了一定的商业价值，为商家、消费者搭建起沟通的桥梁，使商家推广更具针对性，消费者选择更有参考性，为促进消费提供了可能和渠道。

结　语

　　2016 年迎来短视频内容创作者的元年，资本的嵌入使短视频行业井喷式发展。智能手机与各类美颜相机、剪辑 APP 不断普及，短视频行业呈现"全民参与"态势。身处"象牙塔"的学子们也踏入短视频领域，在这个虚拟世界中观看他人，展示自己，找到存在感、归属感，实现自身的社会化，建立全新的社会关系网络。

　　"象牙塔"博主、用户粉丝、广告商、平台、MCN 机构、政府、技术等共同构建起了短视频生产实践的异质行动者网络，"象牙塔"博主们的社会资本在各行动者的共谋、博弈与互构中不断拉扯与纠缠。为厘清"象牙塔"博主的短视频生产实践与社会资本的关系，本研究深度访谈了 22 位大学生博主、1 位同学和 1 位老师，并进行了为期一年的参与式观察，深入探寻社会资本形成、积累、转化与碰撞背后的真相与意义。相较于以往研究，本书引入实践范式理论和社会资本理论，强调以短视频生产为面向的或者是与短视频生产有关的所有开放实践行为，以及短视频生产在其他社会实践中所发挥的作用，更加重视媒介经验的多样性和复杂性，在广阔的社会生活情境之中剖析"象牙塔"博主在短视频生产实践中的社会资本构成与影响因素。

本研究沿着"提出问题→分析现状→剖析困境→解决对策"的思路展开，围绕"'象牙塔'博主们是如何进入短视频场域的，不同阶段的短视频生产实践如何与广阔的动因联系？'象牙塔'博主们在短视频生产实践中拥有哪些形式的社会资本？是如何积累和转化的？会遇到哪些社会资本的碰撞与困境？有哪些具体的社会资本优化路径？"等问题，首先分析了"象牙塔"博主们在短视频场域中入场、实践、转场、退场的演进历程，并从实践范式视角探讨了不同阶段的实践动机。"象牙塔"博主们因社交归属、娱乐消遣等动机初涉短视频，因纯粹的实践理解力、社交网络中的自我呈现、身边人的成功激发经济利益的追逐、促进其他社会实践的完成等动机成为短视频博主，因兴趣驱动、资本助推、权力获取等动机完成从业余到职业的转场，因无法实现预期、难以二者兼顾等动机选择了忠于学业，退出短视频生产或者暂时停更。

通过深度访谈和参与式观察，本书从地域型和脱域型关系网络，关系型和普遍型社会信任，道德性、契约性和行政性社会规范三个维度阐释了"象牙塔"博主们在短视频生产中的社会资本形式，并将互动视为"象牙塔"博主们积累社会资本的重要途径，从博主与博主、博主与用户粉丝、博主与商业平台之间的互动中探寻"象牙塔"博主们增进信任、联系和认同的方式与路径。本研究认为文化资本和青春优势是"象牙塔"博主们区别于其他类型短视频博主的最大特征，他们以文化资本为核心，实现从文化资本向社会信任、关系网络和经济价值的转化，运用青春策略，通过创作贴近校园生活、展示高颜值少年感的短视频内容等方式，建立起与同学、社会有效连接的情感桥梁，获取流量关注。

在"象牙塔"博主们的短视频生产实践过程中，伴随着社会网络的流动与变迁，他们所拥有的社会资本也随之发生碰撞。在结构资本方面，"象牙塔"博主们面临着弱关系的强化与强关系的弱化，社会网络的重塑一方面促使网络异质程度增强，网络权威关系获得，但另一方面也会出现潜藏商业陷阱、增加责任负担等危机；在关系资本方面，"象牙塔"博主们处于"利用"与"被利用"的两难境地，在获得信任、规范便利以及义务与期望、身份与地位的同时，也会产生距离感、规范制约、过度压力、身份矛盾等问题；在认知资本方面，"象牙塔"博主们的社会参与意识、个人价值观念以及生活满意度与主流认知也会发生强烈的碰撞。

为解决"象牙塔"博主们在短视频生产中的社会资本碰撞与困境，本研究借鉴休梅克的影响层次模型，从"适当反连接，平衡'两型'关系网络""持续提升教育水平，利用文化资本的转化价值""树立正确价值观，提升自我保护意识"等个人层次，"调适算法模型，优化内容推荐""完善规则规范，加强平台管理"等平台常规层次，"推进平台转型，强化价值传播""明晰平台角色，构建行动者网络""出台专项扶持，鼓励大学生参与创作"等平台组织层次，"受众提升媒介素养，构建理性参与文化""学校积极引导，正确看待'网红经济'""政府加强监管力度，调整社会资本结构"等平台外在社会机构层次，"坚持主流文化主导地位，推动主流文化大众化""提升社会包容度，树立多元人才观"等社会系统层次，为"象牙塔"博主们的社会资本优化提供一些有益的路径指示。

本书对"象牙塔"博主们的短视频生产和社会资本做了探索性研究，但是由于短视频场域中的异质行动者网络错综复杂，准备时间仓促，再加上笔者学疏才浅，仍存在一些不足的地方，集中表现在以下两点：一是受到时间和地域的限制，本书选取的研究对象局限在湖北省的五所高校中，对于不同区域的短视频产业发展、受众内容消费倾向、高校教育水平现状的考察不足，缺乏横向比较研究，研究结论的普适性还需进一步加强；二是以深度访谈和参与式观察等定性研究方法为主，定量研究缺乏。本书的数据质量取决于研究者访谈和观察的经验和技巧，极大考验研究者对受访者和被观察者真实意图的解码能力，研究结论带有一定的主观性。在涉及一些敏感问题时，由于受访者不愿意直接交流表达，可能更倾向于通过匿名方式回答，也导致数据质量和完整性的下降。鉴于本书在研究上的不足，以及短视频产业的不断深入发展，后续研究可以从以下几个方面开展：一是拓展研究对象范围和时间范围，进一步比较不同区域"象牙塔"博主们的短视频生产和社会资本研究，通过对"象牙塔"博主们短视频生产实践处于不同阶段的追踪与探寻，从更广泛、更长远的研究视角探索短视频生产实践对个体成长与发展的深层影响；二是增加问卷调查法等定量研究，更加精准客观地剖析影响"象牙塔"博主们社会资本形成、积累、转化与碰撞的影响因素，为社会资本优化路径的提出提供更加有针对性的支持。

参考文献

［1］鲍楠. 短视频内容的主要类别与特征简析［J］. 中国广播电视学刊，2019（11）.

［2］陈永东. 短视频内容创意与传播策略［J］. 新闻爱好者，2019（5）.

［3］陈向明. 质的研究方法与社会科学研究［M］. 北京：教育科学出版社，2014.

［4］蔡宁伟，于慧萍，张丽华. 参与式观察与非参与式观察在案例研究中的应用［J］. 管理学刊，2015（4）.

［5］陈昌凤，师文. 个性化新推荐算法的技术解读与价值探讨［J］. 中国编辑，2018（10）.

［6］戴仁卿. 社交网络空间转换：大学生"晒图"行为研究［J］. 当代青年研究，2020（4）.

［7］董晨宇，叶蓁. 做主播：一项关系劳动的数码民族志［J］. 国际新闻界，2021（12）.

［8］费孝通. 乡土中国［M］. 上海：生活·读书·新知

三联书店，1985.

[9] 郭羽．线上自我展示与社会资本：基于社会认知理论的社交媒体使用行为研究 [J]．新闻大学，2016 (4)．

[10] 郭丽岩．提升现代监管治理能力 [N]．经济日报，2021－09－30 (10)．

[11] 高涵．媒介使用与流动人口的社会资本构建 [J]．河北大学学报 (哲学社会科学版)，2014 (4)．

[12] 郝茹茜．使用与满足理论下"土味"短视频发展研究 [J]．传媒，2020 (8)．

[13] 胡春阳．经由社交媒体的人际传播研究述评——以 EBSCO 传播学全文数据库相关文献为样本 [J]．新闻与传播研究，2015 (11)．

[14] 黄少华，杨岚，梁梅明．网络游戏中的角色扮演与人际互动——以《魔兽世界》为例 [J]．兰州大学学报 (社会科学版)，2015 (2)．

[15] 黄楚新．我国移动短视频发展现状及趋势 [J]．人民论坛·学术前沿，2020 (5)．

[16] 姜红，印心悦．走出二元：当代新闻学的"实践转向"——问题、视野与进路 [J]．安徽大学学报 (哲学社会科学版)，2021 (3)．

[17] 姜波．游戏玩家社会资本的形式、积累与转化——以 MMORPG 为例 [D]．杭州：浙江大学，2017.

[18] 姜磊．都市里的移民创业者 [M]．北京：社会科学文献出版社，2010.

［19］康小明．人力资本、社会资本与职业发展成就［M］．北京：北京大学出版社．

［20］陆地，刘雁翎．短视频创作的"七坑""八坎"［J］．新闻爱好者，2019（6）．

［21］李圣勇．融媒视域下短视频的创作技巧［J］．青年记者，2019（23）．

［22］李菁．抖音短视频传播中的互动仪式与情感动员［J］．新闻与写作，2019（7）．

［23］李京．企业社会资本对企业成长的影响及其优化——基于社会资本结构主义观思想［J］．经济管理，2013（7）．

［24］李霞，秦浩轩等．大学生短视频成瘾症状与人格的关系［J］．中国心理卫生杂志，2021（11）．

［25］李情情．基于话题热度的微博推荐算法研究［D］．济南：山东师范大学，2016．

［26］刘淼，喻国明．中国面临的第二道数字鸿沟：影响因素研究——基于社会资本视角的实证分析［J］．现代传播（中国传媒大学学报），2020（12）．

［27］吕涛．社会资本与地位获得［M］．北京：人民出版社，2014．

［28］吕鹏．线上情感劳动与情动劳动的相遇：短视频/直播、网络主播与数字劳动［J］．国际新闻界；2021（12）．

［29］吕鹏，王明漩．短视频平台的互联网治理：问题及对策［J］．新闻记者，2018（3）．

［30］梁莹. 社会资本与公民文化的成长［M］. 北京：中国社会科学出版社，2011.

［31］卜长莉. 社会资本的负面效应［J］. 学习与探索，2006（3）.

［32］卜长莉. 社会资本与社会和谐［M］. 北京：社会科学文献出版社，2005.

［33］彭兰. 新媒体用户研究——节点化、媒介化、赛博格化的人［M］. 北京：中国人民大学出版社，2020.

［34］孙晓娥. 深度访谈研究方法的实证论析［J］. 西安交通大学学报（社会科学版），2012（3）.

［35］孙卫华. 当代中国社会转型与传媒文化景观的变迁—— 一种历时性的梳理［J］. 海河传媒，2022（1）.

［36］孙立平. 我们在开始面对一个断裂的社会？［J］. 战略与管理，2002（2）.

［37］单波. 现代传媒与社会、文化发展［J］. 现代传播，2004（1）.

［38］田凯. 科尔曼的社会资本理论及其局限［J］. 社会科学研究，2001（1）.

［39］王文涛. 农村社会结构变迁背景下的社会资本转换与农户收入差距［D］. 重庆：西南大学，2017.

［40］王璇，李磊. 有界广义互惠与社会认同：社交网络游戏对大学生群体亲社会行为机制研究［J］. 国际新闻界，2019（6）.

［41］薛小林. 梨视频战"疫"：记录中诠释短视频担当

[J]. 传媒, 2020 (5).

[42] 肖冬平. 社会资本研究 [M]. 昆明：云南大学出版社, 2013.

[43] 杨纯, 古永锵. 微视频市场机会激动人心 [J]. 中国电子商务, 2006 (11).

[44] 郑素侠. 网络时代的社会资本 [M]. 上海：复旦大学出版社, 2011.

[45] 郑红娥. "颜值即正义"？别让美丽"奴役"你 [J]. 人民论坛, 2020 (8).

[46] 张志安, 冉桢. 短视频行业兴起背后的社会洞察与价值提升 [J]. 传媒, 2019 (7).

[47] 张开. 媒体素养教育在信息时代 [J]. 现代传播, 2003 (1).

[48] 赵雪雁. 社会资本测量研究综述 [J]. 中国人口·资源与环境, 2012 (7).

[49] 朱贻庭. 伦理学大辞典 [M]. 上海：上海辞书出版社, 2010.

[50] 张苏秋, 王夏歌. 媒介使用与社会资本积累：基于媒介效果视角 [J]. 国际新闻界, 2021 (10).

[51] 安东尼·吉登斯. 社会的构成 [M]. 李康, 李猛, 译. 北京：生活·读书·新知三联书店, 1998.

[52] 奥斯特罗姆·埃莉诺. 走出囚徒困境——社会资本与制度分析 [M]. 曹荣湘, 选编. 上海：上海三联书店, 2003.

[53] 阿尔文·托夫勒. 权力的转移 [M]. 吴迎春, 傅凌, 译. 北京: 中信出版社, 2006.

[54] 布尔迪厄. 文化资本与社会炼金术: 布尔迪厄访谈录 [M]. 包亚明, 译. 上海: 上海人民出版社, 1997.

[55] 张意. 文化与符号权力: 布尔迪厄的文化社会学导论 [M]. 北京: 中国社会科学出版社, 2005.

[56] 伯特. 结构洞: 竞争的社会结构 [M]. 任敏, 李璐, 林虹, 译. 上海: 格致出版社, 上海人民出版社, 2008.

[57] 弗朗西斯·福山. 信任——社会道德与繁荣的创造 [M]. 李婉蓉, 译. 内蒙古: 远方出版社, 1998.

[58] 罗伯特·D. 帕特南. 使民主运转起来——现代意大利的公民传统 [M]. 王列, 赖海榕, 译. 北京: 中国人民大学出版社, 2001.

[59] 林南. 社会资本——关于社会结构与行动的理论 [M]. 张磊, 译. 上海: 上海人民出版社, 2005.

[60] 兰德尔·柯林斯. 文凭社会: 教育与分层的历史社会学 [M]. 刘冉, 译. 北京: 北京大学出版社, 2018.

[61] 麦克尼尔. 新社会契约论 [M]. 雷喜宁, 潘勤, 译. 北京: 中国政法大学出版社, 2004.

[62] 皮埃尔·布迪厄, 华康德. 实践与反思——反思社会学导引 [M]. 李猛, 李康, 译. 北京: 中央编译出版社, 1998.

[63] 帕梅拉·J. 休梅克. 大众传媒把关 [M]. 张咏华, 注释. 上海: 上海交通大学出版社, 2007.

［64］唐·科恩，劳伦斯·普鲁萨克．社会资本：造就优秀公司的重要元素［M］．孙健敏，黄小勇，姜嫄，译．北京：商务印书馆，2006．

［65］维克托·迈尔-舍恩伯格，肯尼思·库克耶．大数据时代［M］．盛杨燕，周涛，译．杭州：浙江人民出版社，2010．

［66］詹姆斯·科尔曼．社会理论基础（上）［M］．邓方，译．北京：社会科学文献出版社，1999．

［67］抖音发布首份大学生数据报告 大学生创作视频播放量超 311 万亿次［EB/OL］．［2021－01－26］．人民网—人民创投，http：//capital. people. com. cn/n1/2021/0126/c405954－32012925. html．

［68］吴晨光．定义内容生态［EB/OL］．［2019－05－13］．蓝鲸财经，https：//dy. 163. com/article/EF2OIIFC05198 R91. html．

［69］易观智库．中国短视频市场专题研究报告 2016［EB/OL］．［2021－10－21］．https：//www. analysys. cn/article/detail/1000134．

［70］中国互联网络信息中心．第 50 次中国互联网络发展状况统计报告［EB/OL］．［2022－11－10］．http：//www. cnnic. net. cn/NMediaFile/2022/0926/MAIN1664183425619U2M S433V3V．

［71］中华人民共和国国家互联网信息办公室．第 46 次中国互联网络发展状况统计报告［EB/OL］．［2022－10－22］．

http：//www. cnnic. net. cn/NMediaFile/2022/0926/MAIN16641
83425619U2MS433V3V.

［72］中国青年网．大学生短视频使用调查：超六成喜欢
刷搞笑段子，超七成担心成瘾［EB/OL］．［2022－10－22］.
https：//baijiahao. baidu. com/s？id＝1729795910497032518&w
fr＝spider&for＝pc.

［73］中国经济网．抖音发布首份大学生数据报告 大学生
创作视频播放量超 311 万亿次．［EB/OL］．［2021－01－
27］．https：//baijiahao. baidu. com/s？id＝1689991632802246
822&wfr＝spider&for＝pc.

［74］中国新闻网．快手推出"美食家计划"提供价值超
10 亿元流量扶持［EB/OL］．［2019－09－24］．https：//
www. chinanews. com. cn/business/2019/09－24/8964077. shtml.

［75］2021 短视频行业发展分析报告［EB/OL］．［2022－
11－19］．https：//new. qq. com/rain/a/20220815A0486R00.

［76］周春法．新技术环境下的媒介素养及提升路径
［EB/OL］．［2021－12－10］．http：//m. cssn. cn/zx/zx_bwyc/
201811/t20181101_4768516. htm.

［77］A Global Imperative：The Report of the 21st Century Lit-
eracy Summit［EB/OL］．［2022－12－01］．https：//files.
eric. ed. gov/fulltext/ED505105. pdf.

［78］Ma'ruf A.，Hindayani N.，Ummudiyah N.，The Social
Capital for the Externality Development of Sustainable Tourism
［EB/OL］．［2017－08－15］．http：//repository. umy. ac. id/

bitstream/handle/123456789/13195/social? sequence = 1.

[79] Bourdieu, P. The forms of capital. In J. Richardson (Ed.) Handbook of Theory and Research for the Sociology of Education [M]. New York: Greenwood, 1986.

[80] Burt, R. Structural holes versus network closure as social capital. In Lin et al (Eds.) Social Capital: Theory & Research [M]. New York: Aldine de Gruyte, 2001.

[81] Bucher, T. The algorithmic imaginary: exploring the ordinary affects of Facebook algorithms [J]. Information, Communication & Society, 2017, 20 (1): 30 – 44.

[82] Bergemann, D. , Hege, U. Venture Capital Financing, Moral Hazard, and Learning [J]. Journal of Banking and Finance, 1998, 22 (6 – 8): 703 – 735.

[83] Brighenti, A. Visibility: A category for the social sciences [J]. Current sociology, 2007, 55 (3): 323 – 342.

[84] Coleman, J. S. Social Capital in the Creation of Human Capital [J]. American Journal of Sociology, 1988: 95 – 120.

[85] Dougherty, A. Live-streaming mobile video: Production as civic engagement [J]. Proceedings of the 13th Conference on Human-Computer Interaction with Mobile Devices and Services, 2011.

[86] Dale, A. & Newman, L. Social capital: a necessary and sufficient condition for sustainable community development? [J]. Community Development Journal, 2010, 45 (1): 5 – 21.

［87］ Erik J. Martin. The best strategies to monetize your short-form video ［J］. EContent, 2015, 38 （9）: 14－19.

［88］ Friesem, E. A Story of Conflict and Collaboration: Media Literacy, Video Production and Disadvantaged Youth ［J］. Journal of Media Literacy Education, 2014, 6 （1）: 44－55.

［89］ Fukuyama, F. Trust: The Social Virtues and The Creation of Prosperity ［M］. New York: Free Press, 1996.

［90］ Fairfield, J. & Shtein, H. Big data, big problems: Emerging issues in the ethics of data science and journalism ［J］. Journal of Mass Media Ethics, 2014, 29 （1）: 38－51.

［91］ Goffman, E. The Presentation of Self in Everyday Life ［M］. Garden City: Doubleday Anchor Books, 1959.

［92］ Malaby, T. M. Parlaying Value: Capital in and beyond Virtual Worlds ［J］. Games & Culture, 2006, 1 （2）: 141－162.

［93］ Nahapiet, J. & Ghoshal, S. Social Capital, Intellectual Capital and Organizational Advantage ［J］. Academy of Management Review, 1998, 23 （2）: 242－266.

［94］ Nan, L. Social capital: A Theory of Social Structure and Action ［M］. Cambridge: Cambridge University Press, 2001.

［95］ Nan, L. Social Networks and Status Attainment ［J］. Annual Review of Sociology, 1999, 25: 467－487.

［96］ Nie, N. H. Sociability, interpersonal relations, and the Internet: Reconciling conflicting findings ［J］. American Behavioral Scientist, 2001, 45 (3): 419 – 435.

[97] Nancy, K. B. Connect With Your Audience! The Relational Labor of Connection [J]. The communication review, 2015, 18 (1): 14 – 22.

[98] Putnam, R. D. & Leonardi, D. R. Making Democracy Work: Civic Traditions in Modern Italy [J]. Contemporary Sociology, 1994, 26 (3): 306 – 308.

[99] Portes, A. Social Capital: Its Origins and Applications in Modern Sociology [J]. Annual Review of Sociology, 1998: 24.

[100] Stamm, K. & Weis, R. The Newspaper and Community Integration: A Study of Ties to a Local Church Community [J]. Communication Research, 1986, 13 (1): 125 – 137.

[101] Shah, D. V. , Kwak, N. , Holbert, R. L. "Connecting" and "Disconnecting" With Civic Life: Patterns of Internet Use and the Production of Social Capital [J]. Political Communication, 2001, 18 (2): 141 – 162.

[102] Schatzki, T. R. Social practice: A wittgensteinian approach to human activity and the social [M]. Cambridge: Cambridge University Press. 1996.

[103] Uphoff, N. Understanding Social Capital: Learning from the Analysis andExperience of Participation. In P. Dasgupata & I. Serageldin (Eds), Social capital: A multifaceted perspective. Washington [M]. DC: World Bank, 2000: 168 – 182.

[104] Uslaner, E. M. Social capital and the net [J]. Com-

munications of the Acm, 2000, 43（12）: 60 – 64.

［105］Vasilchenko, A. , Green, D. P. , Qarabash, H. Media Literacy as a By-Product of Collaborative Video Production by CS Students ［ J ］. Acm Conference on Innovation & Technology in Computer Science Education, 2017.

［106］Woolcock, M. Social Capital and Economic Development: Toward a Theoretical Synthesis and Policy Framework ［ J ］. Theory and Society, 1998, 27（2）: 151 – 208.

［107］Wengraf, T. Qualitative Research Interviewing: Biographic Narrative and Semistructure Methods ［ M ］. London: Sage Pubn Inc, 2001.

［108］Wellman, B. The network community: An introduction. In B. Wellman（Ed. ）, Networks in the global village ［ M ］. Boulder, CO: Westview Press, 1999.

［109］Wellman, B. , Haase A. Q. , Witte J. , et al. Does the Internet Increase, Decrease, or Supplement Social Capital? Social Networks, Participation, and Community Commitment ［ J ］. American Behavioral Scientist, 2001, 45（3）: 436 – 455.

［110］Williams, R. Marxism and literature ［ M ］. New York: Oxford University Press, 1977.

附　录

本附录为访谈提纲，主要如下。

1. 什么时候接触短视频的？怎么接触到的？

2. 初次使用感觉怎么样？怎么看待短视频？

3. 什么时候尝试自己做短视频？

4. 为什么选择做短视频博主？

5. 在学校内开始做的，还是在校外？

6. 一起创作短视频的人都有谁？你们是怎么认识的？这样的人多吗？

7. 短视频在你们的社会交往中发挥了怎样的作用？你们之间的感情深吗？

8. 是否有业界的人带你入门，给你指导？如果有，你们的关系怎样？

9. 前期做了哪些准备工作？最初借助了哪些资源？

10. 哪些人提供了帮助？提供了何种帮助？

11. 初体验感觉如何？难不难？遇到最大的困难是什么？

12. 作为大学生，初体验是否好上手一些？体现在哪里？

13. 制作第一条短视频作品的经历？热度如何？

14. 兼职还是全职？有什么不一样的地方？

15. 在短视频里做什么？首次爆款短视频经历？

16. 一条短视频的选题如何确定？更新频率、制作流程、传播方式呢？

17. 粉丝基础怎么形成的？靠什么涨粉？粉丝与"恰饭"？

18. 与他人相比，大学生博主短视频制作传播的特征有哪些？

19. 你在短视频中怎么讲故事的？有哪些心得、经验教训？哪些是最重要的？

20. 大学所学专业知识应用到短视频制作传播中了吗？有无促进作用？

21. 学院对你做短视频有没有扶持？老师怎么看？支持吗？同学对你有没有影响？

22. 大学生的身份对你有没有影响？

23. 是否签公司？是否有指导？这些重要吗？

24. 和初次成为博主相比，现阶段的短视频作品的制作传播有哪些不一样的地方？

25. 在校时间有变化吗？会不会更多时间在工作地点做视频？在校时间怎么样？

26. 做博主前后，和同学、室友、老师之间的关系是什么样的？现在和谁接触最多？为什么？

27. 在学校会不会没有归属感？

28. 与不做短视频的人相比，接触的人有什么区别？

29. 在做短视频博主的过程中，是否遇到过很知心的朋友？你们一般会聊些什么、做什么？

30. 业余生活和谁一起度过？没有工作期间，你们会怎么安排？

31. 身边的人如何看待你的行为？是否影响到了你的人际关系？

32. 对学业有影响吗？成绩怎么样？是否影响评奖学金？

33. 如何平衡短视频和学业二者之间时间和精力？

34. 投入的物质成本、精神成本与收入的状况？

35. 成为短视频博主后的烦恼、心态变化？成为博主后经历了哪些让你印象特别深刻的事情？

36. 行业间是否有合作，竞争是否激烈？对行业日后的看法？

37. 现在有什么考虑，未来发展的方向是什么？

38. 短视频博主这一身份对你有什么意义？你从中能获得什么？

39. 如果没有了短视频，你会怎样？

40. 你认为"象牙塔"博主发展得好主要靠什么？你身边的同学有哪些发展较好的？为什么？有什么条件？

41. 择业选择时有没有纠结？接着做短视频，还是追求稳妥？会不会考研、考公？